父母会养，孩子会长：
好大夫崔霞的健康育儿经

崔霞 著

吉林科学技术出版社

图书在版编目（ＣＩＰ）数据

父母会养，孩子会长：好大夫崔霞的健康育儿经 /
崔霞著. -- 长春：吉林科学技术出版社，2018.4
ISBN 978-7-5578-3574-3

Ⅰ．①父… Ⅱ．①崔… Ⅲ．①婴幼儿—哺育—基本知
识 Ⅳ．①TS976.31

中国版本图书馆CIP数据核字(2017)第296056号

父母会养，孩子会长：好大夫崔霞的健康育儿经

FU-MU HUI YANG, HAIZI HUI ZHANG：HAO DAIFU CUIXIA DE JIANKANG YU ER JING

著　崔　霞
出 版 人　李　梁
责任编辑　孟　波　端金香
封面设计　王　婧
制　　版　长春创意广告图文制作有限责任公司
开　　本　710 mm×1000 mm　1/16
字　　数　280千字
印　　张　17.5
印　　数　1-8 000册
版　　次　2018年4月第1版
印　　次　2018年4月第1次印刷
出　　版　吉林科学技术出版社
发　　行　吉林科学技术出版社
地　　址　长春市人民大街4646号
邮　　编　130021
发行部电话/传真　0431-85635176　85651759　85635177
　　　　　　　　　　　　85651628　85652585

储运部电话　0431-86059116
编辑部电话　0431-85635186
网　　址　www.jlstp.net
印　　刷　长春新华印刷集团有限公司
书　　号　ISBN 978-7-5578-3574-3
定　　价　45.00元
如有印装质量问题可寄出版社调换

序

父母懂得多一些，孩子受罪少一些

"健康的儿童，世界的未来"，儿童的健康越来越受到社会各阶层的普遍关注和高度重视。每一位家长朋友都深爱着自己的孩子，但是，爱是需要知识和能力的。

从事儿科临床工作二十多年，我发现很多父母在饮食、心理健康、保健、预防、治疗等方面有着种种疑惑。这并不是责怪各位父母，因为我们没有这样一门课程，来教每位父母如何正确地养育孩子。

但是，这并不是说，父母就应该把孩子的健康问题完全交给医院、交给医生。医生的工作是帮助孩子祛除疾病，但是如果父母能够多懂一些健康的知识，学会一些儿童保健的方法，那么我相信，孩子至少能减少一半的生病概率。即使生病了，父母也知道如何去做，而不是简单、不假思索地带着孩子去医院。

说句心里话，现在的医疗条件和生活条件应该比以前的都要好，为什么孩子的健康问题却成为很多家庭的主要矛盾？我想这主要有两个原因，其一是家长朋友们现在工作都非常的繁忙，一天之中只有晚上的几个小时能够对孩子进行无微不至地看护，平时只能将孩子放在幼儿园等托幼机构。孩子的成长缺少不了父母的关怀，再加上幼儿园等地方的环境没有家里的好，所以就很容易出现这样或者那样的问题。

其二就是大多数的父母只有一次养育孩子的机会，而一个孩子也只有一次新生儿时期、婴幼儿时期、儿童时期、青春期时期。父母照看孩子缺乏经验，如果有爷爷、奶奶、姥爷、姥姥的帮助还能好一些，如果没有他们的帮助，经常就会陷入很茫然的境地，许多的家长朋友都会感叹："孩子小的时候没有经验，等我们有经验了，孩子也长大了，不需要了。"

在临床上经常会碰见一些家长朋友，他们在孩子身上犯的错误往往令人哭笑不得，有的甚至是严重危害孩子的健康，但是父母们却并不理解。

所以，为了让更多的父母少走弯路，尽量不再让我们可爱的孩子们受罪，我决定将一些儿童保健的常识写下来。在这本书里，我会针对许许多多困惑孩子健康成长的问题，运用专业的临床医学知识，详细介绍一些儿科常见的问题和解决办法。

有些家长朋友会疑惑："我们没有学过医，平时在微信朋友圈里阅读过一些儿童健康保健的帖子，也看得云里雾里，不是很明白。让我们看书学习，会不会太牵强了？"

其实这点我也替家长朋友考虑到了，我以二十多年来亲身的临床经历为基础，用一个又一个形象生动的小故事，阐述了一些医学专有名词。

我相信，即使是没有任何医学专业基础的家长朋友，在阅读此书时，也不会有过多的理解障碍，因为临床例子丰富，所以也能提起家长朋友的阅读兴趣，跟随我的讲解掌握各种儿科常见病的预防保健方法，从而在自家孩子身上能够灵活地运用，达到学以致用的效果，呵护孩子的健康。

在相应的章节中我还加了一些饮食调护的方法，并且根据丰富的临床经验，介绍了许多临床常用的小窍门，能够快速有效地帮助家长朋友们缓解孩子的病痛。

孩子的健康成长除了先天性的禀赋之外，还有后天的养护。先天性的因素在孩子出生之后就无法改变，广大的家长朋友们可以通过此书从后天的因素入手，学习一些专业的儿童养护方法，给孩子无微不至的关怀，同样可以让孩子健健康康地成长。

我真诚地希望本书可以为儿童健康成长提供帮助，为幼教工作者、初为父母的家长朋友们和所有爱护孩子的人们提供最新的育儿知识和保健措施。拥有本书，就相当于拥有了专业的、贴心的儿科顾问，为孩子的健康成长保驾护航。

CONTENTS

第四章

用中医的方法帮孩子化痰止咳 ································· **129**

第五章

厌食和积食，让父母头疼的两个问题 ·················· **153**

第一章
我是医生，也是母亲

1.

每位妈妈都可以是完美的儿科医生

广大的读者朋友们可能都没意识到，每一位妈妈，都可以是完美的儿科医生。现在孩子基本上是整个家庭的中心，爷爷、奶奶、外公、外婆和父母全都围着孩子转，细心地照顾，生怕小宝宝不能健康快乐地成长。

如今的网络和社交媒体都非常的发达，妈妈们很容易就能获得照顾宝宝的方法和建议，但是我要提醒一下广大的读者朋友们，尽量选取比较权威的媒体和书籍（最好是源自专业儿科医生）进行学习，因为网上有很多劣质的育儿健康帖子，很容易给妈妈们造成干扰，起到适得其反的作用。

我现在是儿科的主任医师，回想起刚有宝宝那会儿，依然是历历在目。虽然我学的专业是儿科，比普通的妈妈们对小儿要多一些专业的临床知识，但是只有亲身经历过养儿育儿的过程，我才可以很自信地说自己是个合格的儿科医生。婴幼儿基本没有表达能力，只知道哭闹。在临床上给小朋友看病，旁边还有爸爸妈妈给描述，当自己照顾孩子的时候，全凭自己点点滴滴的学习积累，才能很好地掌握宝宝的规律。

我相信每一位妈妈，通过对宝宝无微不至的照顾，肯定也会学习不少儿科方面的专业知识，都可以成为一位完美的儿科医生。我曾经在出门诊的时候，听过一位年轻的妈妈给我讲过一个故事，现在分享给广大的读者朋友们。

这位妈妈的孩子当时已经两岁半了，能够自己吃一些东西，是个小男孩，平时也十分的调皮。这位妈妈在十一假期的时候带他去香港迪士尼乐园玩耍，孩子高兴坏了，一路上蹦蹦跳跳的，母亲也非常的欣慰，全家人享受着天伦之乐。

在游乐园里玩耍着正高兴呢，没想到孩子一个跟头就摔倒了，趴在地上"哇哇"地哭叫，妈妈赶紧跑过去把孩子扶起来，倒没什么大碍，就是手扭了。孩子小手耷拉着，手腕部明显地肿了起来。

这位年轻的妈妈虽然不是临床医生，但是把孩子养到这么大，平时肯定做了不少功课，对于孩子的各种外伤急救非常熟悉。她当时就向周边卖冰棍的商贩，要了一些冰块，用毛巾包着，给孩子的手腕进行了冰敷。

这就是很正确的做法，因为手腕部的扭伤，当时一些血管或者毛细血管因为外伤造成破裂出血，这时候用冰块冷敷，可以收缩血管，抑制出血，防止血肿的形成，这样就可以使孩子的手腕不至于肿得太厉害。

冷敷一段时间后，等血液凝结，毛细血管和其他小血管不再出血的时候，就可以进行热敷，起到活血化瘀的作用，使瘀血消散，促进损伤部位的好转。

这位母亲因为当时的处理方法得当，事后又去医院进行了诊治，开了一些治疗跌打损伤的药物，孩子的扭伤很快就痊愈了。

我在听这个故事的时候，非常佩服这位年轻妈妈的专业知识。这位年轻的妈妈就是通过养育孩子，平时对育儿知识的积累，能够使用这么专业的治疗手法，快速地去除了孩子的痛苦。

我当时就夸她："你真强，这养个孩子，都快成儿科医生了，再养几年可以考执业医师了。"她不好意思地谦虚道："哪里哪里，还需要继续学习，不都是为了孩子嘛！"其实通过在养孩子中学习，在学习中照顾孩子，我相信每一位妈妈都可以成为完美的儿科医生。

2.

会养的父母能让孩子少生病

有孩子的家长都知道，无论什么时候去医院，儿科都是人满为患。为什么孩子那么容易生病？难道你的孩子的体质就真的特别差吗？

如果孩子爱生病，西医一般把这一切都归咎于细菌、病毒或者是孩子的免疫力差等。

从中医的角度，我认为其实真正的发病源头是我们自己，是我们对孩子了解太少，对医疗知识掌握不够，所以在无形中为孩子患病创造了条件。

千年前，张仲景就说："所食之味，有与病相宜，有与身为害，若得益则益体，害则成疾。"不仅是食物，居家环境、家里的氛围、养护方式等，对孩子的健康都会有影响。

我们医院其他科室的同事们，因为孩子的身体问题，经常往我们科里跑。前一阵医院的一位护士妈妈，一脸担忧困惑地来科里问我："崔主任，冒昧打扰了，您看我这孩子是怎么回事？一天不吃肉都不行，特别是羊肉、牛肉，还特别喜欢吃辣。""现在夏天来了，我就想多给孩子吃点苦瓜、螃蟹、西瓜、梨，或者给孩子多喝点绿豆汤，想给孩子降降火。可问题是孩子不但不喜欢吃这些，多给吃几顿吧，还特容易拉肚子，但不给吃，又怕孩子上火难受，您说该怎么办？"现在的家长都懂点儿养生或者医疗知识，这是好事，但有时候，我们也要灵活变通，并结合孩子的体质特点。的确，爱吃肉容易出现胃肠积热，但孩子喜欢吃，必定是有缘由的，一是他身体发出的信号，因为孩子需要才特别想吃，另外我们日常的喂养习惯也会形成孩子偏食。

我就让这位护士把孩子带过来看了看，果然，她家孩子体质偏虚寒，也就是体内阳气不足，"阳主热"，体内阳气不足，所以需要从外界摄取，来弥补内在的不足，这样便刚好达到体内的需要。所以，虽说孩子一直这样吃，但他其实舌苔正常，没有什么上火的症状。但是，当她给孩子降火的时候，苦瓜、螃蟹、绿豆等都属苦寒食物，中医认为，苦寒伤阳气，易伤脾胃，故过食苦寒就引起孩子拉肚子。

后来，我建议她给孩子吃一些温补的饮食物，莲子、山药粥，适当增加草鱼、胖头鱼等，这样可以减少牛羊肉类，天凉可以多喝点姜汤、姜茶等，来补充体内的阳气。这样一来，孩子对大热的羊肉与辛辣的饮食物需求，就会大大减少。假如一味给他降火，反倒容易伤及脾胃。再比如，带着孩子出门游玩或走亲访友的时候，很多家长唯恐孩子着凉，给他穿得特别严实。多穿点，防止受凉原本没错，但是孩子是"稚阴稚阳"之体，怕冷也怕热，如果穿得太多了，稍微一动就出汗，受风以后，反而更容易感冒着凉。

这些道理，我经常会讲给家长听，也引起了很多家长的重视。我想，如果广大家长都能掌握一些基本的育儿知识，可能我们儿科医生的工作量就会减轻许多，我们的孩子也能少受许多罪。

所以，虽然说孩子的体质天生有差异，有的孩子身体壮实一些，有的孩子体质虚弱一些，但是，先天禀赋只是决定了起跑线的起点，而他出生以后的发展与走向，则取决于你后天的喂养。由此看来，给孩子正确的养育方式，是非常重要的。

如果我们能够科学地喂养孩子，孩子原本不太理想的体质，也可以通过正确的喂养方式、食疗保健等得到较为明显的改变。孩子自身的体质得到改善后，他抵御疾病的能力也就更强，当然就会少生病，成长得更健康了。

3.

孩子身体娇弱，父母先要反思

有些孩子身体一直都非常的娇弱，从呱呱落地起到成长的过程中，基本上三天一小病，五天一大病，生病从来都没有停歇过，好像从出生那天起就是个病秧子。在临床上我也经常会听见有些父母会抱怨："这个孩子太难养了，整天生病，全家人为他都快忙疯了，我都要崩溃了。"

我每次听见这样抱怨的话语，都会耐心地和这些父母解释，孩子身体如此娇弱，并不是孩子自己的责任，家长也是有责任的。因为孩子的身体是否强壮，在中医上认为是由先天的禀赋不足和后天失养所致，现在生活条件好了，家长也都比较重视，孩子先天不足的情况大为改观，后天失养的情况在临床上还是很多见的。说到先天的禀赋不足，广大的父母就有责任了，现在生养孩子为什么会讲究备孕（中医称为"预养"）一说，因为就是怕一些外在的条件影响了生殖细胞的质量，造成孩子的先天禀赋不足。所以男士备孕的时候都会戒烟、戒酒，女性备孕的时候都会避免熬夜，并且注意锻炼及饮食营养等，争取身体处于最佳状态。

　　有些小朋友到我这里复诊的次数多了，我总能记住很多，其中有个3岁的孩子让我印象很是深刻。他当时和大人一起来的，刚走进诊室的时候，我就觉得孩子一副弱不禁风的样子，首先体格非常的矮小，无精打采的，面色黄，没有光泽，一般孩子皮肤是嫩滑的，这个孩子皮肤非常的干燥，和鱼鳞一般，还有皮屑。家长年过五十，我开始还以为是爷爷或者外公，后来一询问，原来是孩子的爸爸，老来得子，三代单传。

　　虽然有了个孩子非常的高兴，但是这几年的抚养过程怎么也没让这位家长开心起来。用他的话说就是："太难了。"孩子生下来就患有先天性的"鱼鳞病"，并且老是生病，发育得也比正常的孩子要缓慢，体重一直都比同龄人要轻许多。这次来又是因为孩子感冒了，老是流鼻涕。

　　我看着这位家长面露难色，一边给他开了一些治疗感冒的药物，一边耐心地开导他："孩子身体娇弱，并不是孩子的错误，这种情况最主要就是先天的禀赋不足造成的。"他也十分愧疚地点头说："是，年轻的时候没注意，老来得子，对孩子的亏欠太多了。"

　　我继续开导："先天性的原因，我们没法改变，但是通过后天的饮食生活调护还是可以进行调整的。通过后天来弥补先天的不足。"家长听了，立马来了精神："我们第一次养孩子，没什么经验，孩子老是生病，我们都没辙了。"

　　我笑道："孩子还小，照顾一个正常的孩子都需要耐心细致，更何况你家宝贝这么娇弱。回去多看一些养儿育儿方面的书籍和电视节目，多学习学习，谁都是从不会到会的。也不要太有负担，你的焦虑和担心也会传递给孩子。"这位家长听完后略有所思地点点头，带着药回去了。

　　之后的一段时间，这位家长隔三岔五地就会来找我咨询一些小儿方面的问题，我也耐心地教他一些办法，有些时候出门诊病人多，他就会在门口一直等到我中午休息没病人的时候，再进来询问。我很感动他这种坚持，一来二去他也成为我的老病号，科室的医生和护士每次看到他都和他打趣道："又来找崔主任问孩子的事啊？"他也会不好意思地点点头。

　　大概过了半年，这位家长带着孩子来复诊，我看到孩子很欣慰，因为孩子的脸色明显比上次来的时候红润了许多，人胖了、高了，家长说半年体重长了5斤，身高也长了3厘米。说去年一年身高、体重基本没变。我笑道："这才是个合格的家长，孩子身体弱，父母要找原因，积极主动调整喂养，通过后天细致的抚养，现在孩子不是也挺好的嘛。"我边说，边拍了拍孩子的小脸颊，孩子现在变得活泼了，不是之前无精打采的样子了。

4.

治疗小儿常见病，中医安全见效快

在孩子的日常生活里，疾病总是伴随着他们的成长。因为孩子作为生活的一个有机体，总有些这样那样的因素困扰着他们，包括病理上的和心理上的。

而出现这些疾病的时候，人们第一时间想到的就是求医问药。大部分人由于工作的繁忙、难忍疾病的痛楚等原因都会选择一些高效的药物治疗方法，也就造成了现在临床上的药物过度应用。例如抗生素就是很好的例子，之前我在儿科急诊值班的时候，经常会碰见一些家长朋友抱着发热的患儿前来，什么检查都不想做，直接就想输液，快点退热。

在大家追求药物快捷神奇疗效的同时，现在也有越来越多的人开始关注医疗的质量，考虑医疗风险。很多家长朋友都会问一个很重要的问题，那就是药物对孩子的不良反应。

在广大读者朋友的心里是不是有一个传统的概念，中药的不良反应相对于西药要小一些，其实不管中药、西药，只要是药物都会有一定的不良反应，就是用量的问题。在临床上我们儿科医生掌握一个原则，就是能不输液的尽量用药物治疗，能不用药物的我们一般就采取推拿按摩等绿色的辅助疗法，如果属于神经行为疾患，也会用到一些心理干预的方法。

在中医的传统治疗方法里，有很多快捷有效的治疗手段，比如推拿按摩、拔罐、针灸等，这些都无须吃药，用一些简单的外用手法就能解除宝宝的病痛，没有不良反应。它们不但在传统的医疗行业里有举足轻重的地位，而且是老百姓在家里都能采取的治疗保健手段，几乎人人学会了都可以开展，不受时间、地域、人员的限制。

为什么会说中医外治法安全而且见效快？首先就是它和我们平时经常使用的药物一样，也具有很好的疗效。另外，它不仅能很好地治疗疾病，缓解宝宝的临床症状，还能增强宝宝的体质，起到预防保健的作用。两千多年前的《黄帝内经》中提出"上医治未病，中医治欲病，下医治已病"，从这个观点就可以看出来中医最提倡的就是养生保健，积极做好预防。

特别要提出的就是中医按摩推拿在儿科上的应用，小儿贵为"娇质"，很容易就感受外邪侵袭而致病。现在家里孩子特别的金贵，一有什么身体的不适，家长都紧张得不得了。家长既想让宝宝快点摆脱疾病的困扰，又想让宝宝免受针刺、药物的伤害。这时候在临床上，如果刚发病，病情轻的话，我一般会建议家长尽量选择小儿按摩推拿等外治方法，例如治疗小儿厌食、食积的很好方法——"捏积"（捏脊），一些有经验的家长朋友肯定都听说过吧。

还需要和广大的读者朋友强调一句，中医治疗小儿常见病、多发病确实优势明显，但不是所有的疾病都是适合用中医治疗的，有句老话说得好："尺有所短，寸有所长。"不能盲目地一味追求中医。有些方面的疾病，可以采用中医辅助治疗，但是不能纯粹只用中医，还需要配合西医先进的技术手段才能取得良好的疗效。

给大家举个很简单的例子，小儿的先天性面部黑色斑块（俗称胎记），现在医学技术发达了，一般通过激光等手术治疗，很容易就能消除。治疗有最佳年龄，有些家长盲目地追求中医的治疗，用了很多的方法没有效果，却错过了激光手术治疗的最佳时机。

所以广大的家长朋友们一定要细心地听取医生的专业建议，冷静地看待疾病的治疗方法。可以用中医治疗时，我们就采用中医治疗，但是如果必须要用西医的检查和治疗方法时，我们也得毫不犹豫，因为西医和中医一样，都是治疗疾病的一种很好的手段，必要时还可以选择中西医结合的方法。

5.

掌握儿童常见病的各种预兆

宝宝在成长的过程中，生病是难以避免的。当宝宝还小时，不能用言语和动作来准确地表达自身的不适，所以儿科又称为"哑科"，这个阶段就需要广大的家长朋友们学会如何辨别孩子的"语言"。

当了二十多年的儿科医生，我在临床上已经见过大量患儿，所以对儿童在临床上的表现都非常熟悉，每一个宝宝在我面前都是一本小词典，内藏很多的内容和信息，读懂他，妈妈们就可以初步解读宝宝传递出的信息。这节内容就和广大的读者朋友们分享一下我在临床几十年来的经验。

有些宝宝虽然年纪较小，不会用言语表达，但是细心的家长朋友会发现宝宝在不舒服的时候，肯定会和平常的表现不一样。如果发现有些异常时，广大的家长朋友就得提高警惕了，有可能是宝宝要生病的预兆。如果能够充分地掌握这些预兆，就能及时地发现宝宝的疾病，家长朋友可以做好预防工作，并且可以进行初步处理，为宝宝的健康保驾护航。

首先要给广大的读者朋友介绍的是孩子的哭闹，其实宝宝的不适症状第一个反应就是哭闹，这也是最主要的临床预兆。年幼的宝宝因为不会用言语表达，只能用哭闹的方法来引起家长们的注意，来反映身体不适的感觉。

有些年轻的父母不明白，简单认为孩子饿了，或是让大人抱，只是抱起来哄哄，或喂点儿奶，没想到孩子哭闹得越来越厉害。正常健康的宝宝一般情绪非常平稳，一天哭闹的次数有限，即便哭闹，不会出现大哭不止的现象。如果孩子出现这种状况，就要警惕，孩子是否得病了。例如孩子对牛奶等食物的过敏引起的腹痛、消化功能紊乱引起的肠胀气或者肠套叠、疝气嵌顿、误食异物等都会导致孩子的哭闹不停。

再给大家介绍一下如何把握孩子的哭声。孩子哭声来得突然，第一声又长又响，之后屏息一段时间，然后接下来大哭不止，家长朋友这时可以摸摸孩子的肚子，如果感觉宝宝的小肚子硬邦邦的，可能是孩子消化不良引起的腹胀。先给广大的读者朋友介绍这一种，之后的章节中会对哭声进行详细的描述，在这里就不一一介绍了。

其次要讲的就是宝宝患病时最直观的表现——粪便。大多数新上任的父母看到宝宝的粪便，都会觉得非常的奇怪。因为宝宝粪便的形状和质地奇形怪状，和成年人不一样，即便是有经验的爷爷奶奶们，也未必都见过。还不会言语的宝宝，他的健康状况也可以表现在粪便里，只要用心观察，家长朋友们就能对孩子的健康状况一清二楚。粪便是否正常，是宝宝健康成长的晴雨表。

宝宝粪便的种类根据形状颜色可以分为很多种，这节内容就给广大的读者朋友介绍几种常见病的粪便，希望家长朋友可以牢记于心。新生儿的胎便应该是墨绿色的，哺乳期母乳喂养的宝宝的粪便是金黄色的软糊便，用奶粉喂养的宝宝的粪便呈土黄色的硬膏便。随着宝宝添加辅食或逐渐过渡到正常吃饭后，大便就是条形便了。

以上这些都是正常的粪便形态，还有一些不正常的。宝宝粪便呈米糊状，黄绿色且带有黏液，有时可见豆腐渣样细块，这就表明宝宝很可能患有真菌性肠炎，往往由于体内菌群失调导致的；宝宝每天大便数次，其中含有较多未消化的奶瓣，一般无黏液，很可能就是宝宝对奶粉不消化；宝宝粪便呈水样便，蛋花汤样，甚至呕吐，排便的次数和量都明显增多，多见于宝宝病毒性肠炎，比如秋季腹泻等疾病；宝宝大便稀，便中有血丝，体重增长慢，要注意过敏性腹泻；大便中黏液较多，可能是细菌性肠炎。

最后要给大家介绍的是食欲的变化，宝宝患病一般会出现食欲的减退。健康的孩子能够按时进食，食量也相对稳定。如果家长朋友突然发现孩子的食欲减少或者拒食的话，就要考虑孩子是否患病了。孩子平时吃奶进食一向很好，突然出现扭头拒奶或无力吸吮的状态，或不肯进食或进食减少，则要考虑孩子是否感冒发热，存在感染的情况。一些感染性的疾病，例如上呼吸道感染、支气管炎、肺炎、疱疹性咽峡炎、肠道感染等疾病都可以导致孩子的食欲下降。

还有一个疾病，广大的家长朋友要警惕，那就是小儿糖尿病，它和别的疾病正好相反，可以引起患儿食欲的增加，所以在临床上出现孩子食欲的变化都会引起我们医生的注意，通过一些具体的理化检查可以加以区分。

通过对这些疾病征兆的掌握，家长朋友们就很容易判断出孩子的身体状态是否正常，也能够送孩子去医院及时地就诊，解决孩子的病痛，帮助孩子健康快乐地成长。

6.

并不是所有的疾病都是坏事

在广大家长朋友的脑袋里有个深深的印象，那就是疾病对于人体来说都是不好的，所以宝宝生病的时候会非常的担心，千方百计寻求各种方法治疗。其实即使宝宝得了病，在某些时候并不是一件坏事，它是机体的正常反应，用中医的理论叫作"正邪交争，鼓邪外出"。

在临床上经常会听见有些家长朋友对我抱怨："崔医生，快给我家孩子瞧瞧吧，又发热了。"我一般会耐心地用中医的理论和他们解释，为什么孩子在生病的时候容易发热，因为小儿为"纯阳体质"，感邪后就容易化热，所以临床上小儿感冒发热很常见。发热，也提示孩子的正气奋起抗邪，正气和邪气相互抗争得越厉害，小儿发热得越厉害，这些都是人体自我保护的外在表现。所以遇到孩子发病初期发热，家长不必过于担心，可以先观察。当然持续发热，宝宝精神不好，那还是要及时就医的。

以前曾经接诊过一名两岁半的孩子，发热5天了，体温一直在37.5～38℃，就诊时眼泪汪汪的，流鼻涕，妈妈说孩子赖赖唧唧的。以前孩子也有发热的时候，在家吃点退热药就退了。这次烧得不高，家长想着在家扛扛就好了，没想到发热老不退，这下着急了。仔细检查，发现孩子耳后有一些小红疹子，口腔黏膜两侧也长了疹子。

我心里就在犯嘀咕："这不会是麻疹吧。"赶紧给他开了化验单，让家长带孩子抽血检查，检查结果回来，还真被我猜中了，就是麻疹。我赶紧追问家长，以前是否打过麻疹疫苗，家长说，孩子由于湿疹厉害，好多疫苗都没敢打。

麻疹这个疾病的特点就是得一次之后，孩子自身可以产生免疫抗体，对这个病有了免疫力，以后就不再得了。现在由于接种麻疹疫苗，这个病的发病率显著降低。可见接种疫苗对预防传染病还是很关键的。

中医在治疗水痘的时候，讲究的就是"麻不厌透""透疹而出，疹不出，则病不愈"。一般麻疹出疹时都是高热，这位孩子由于体温不高，疹子就透发得慢，疹毒就不能及时透泄，完全地发出来。我在治疗前和家长解释："孩子得的就是麻疹，这段时间别让他和别的小朋友玩了，以免传染给别的孩子。在接下来的治疗里，我们就是要让皮疹全部都发出来，让邪有出路，则疾病才能痊愈。"

宝宝在疹子未出齐的几天里，发热症状会比较严重，一般会发一次高热，就出一批疹子，直至出齐以后，皮疹才会慢慢地消退，发热的症状才会慢慢地减轻，这是疾病好转的一个过程，家长朋友不必过于担心，这也是人体的正常反应现象。

给这位家长解释完，她惊讶地说道："原来不发热还更不好啊，发热了疾病还好得更快。"我笑道："差不多是这个理儿，并不是所有的疾病都是坏事，你看孩子现在得了麻疹，有了免疫力了，以后就不会得了，这样一来比人工接种疫苗还有效。"

经过一段时间的治疗，这位孩子的皮疹逐渐消退了，家长带来复诊的时候，开心地在我身边打转。我看孩子身上皮疹消退的地方还有些脱皮，嘱咐家长注意皮肤的护理。

生病，要有选择性地吃药

　　并不是所有的疾病都必须通过药物治疗，有些疾病用药物治疗也不是最好的办法，特别对于孩子来说，药物都不是首选的疗法。因为药物总归是要进入人体的，要靠内脏的代谢，才能把药物排出体外，所以或多或少都有一些不良反应，民间也有"是药三分毒"一说。

　　中医经过了几千年的发展，有一套很成熟的中医理论，在儿科方面的治疗，也有很多物理的治疗方法，能取得良好的疗效，例如推拿按摩、针刺、拔罐、艾灸等，这些都是比较常用的治疗手段，临床使用安全有效。

　　所以对于孩子的一些疾病，我首先考虑是否有一些安全有效的外治方法。我在临床上治疗孩子疾病的时候都会掌握一个原则，能用物理疗法解决的绝不用药，能用外用药物解决的绝不用内服药物。

　　说到这里，有些读者朋友要提出疑问，不是说中药的不良反应小吗，那我每次都给孩子用中药治疗那还不行吗？其实这是认识的误区。既然是药物，都有一定的不良反应，尤其是中药讲究辨证，如果用不对证，其不良反应也很明显。比如说本来是寒证，却一味用清热解毒的中药，不仅没有治疗效果，还会起到相反的作用。另外中药中也有一些属于有毒之品，例如蜈蚣、全蝎、胆南星等，其炮制、用量都有严格要求。一般儿科医生用这些药都非常谨慎，即使要用，也会把握其剂量和用药时间，并注意药物之间的配伍。我在临床上会尽量使用药性平和的药物，多选择药食同源的药物。如果能用非药物的方法治疗，就不选择药物治疗了。

我的孩子在3岁的时候，我就因为吃药的问题和孩子的爸爸争执过。因为在医院上班，我平时比较忙，对孩子也疏于照顾，孩子在家都是老人和他的爸爸看着。有一次我值夜班回家，刚到家就听孩子的父亲说，孩子昨天发热折腾了半夜，全家一宿都没睡好，可能白天吹风着凉了，晚上就不舒服。

我说："给我打电话啊，我就是儿科的医生。"我一边走到孩子的房间里，摸摸孩子的额头，热已经退了，感觉不到烫手。孩子的父亲埋怨我："不是怕你工作忙嘛，所以没打扰你，就给孩子喝了袋小儿清热颗粒，还吃了半片头孢。"

我当时听了就有些急，埋怨他，"孩子刚有点发热，先观察观察，着急吃什么抗生素啊！"中午到了吃饭的时候，孩子说肚子疼，不吃饭。我不由得又责怪他父亲："你看看，一生病就知道乱吃药，孩子吃不下饭了吧，都是药物刺激导致的。"孩子还比较乖，奶声奶气地说："妈妈你别生气，下次生病我听妈妈的话。"

这时老人听见了，说："生病了不吃药咋办啊？孩子他难受啊，你是不在，昨晚上闹了半宿。"我听了不以为然，但还是很耐心地告诉他们孩子生病可以先观察，除了吃药，也有很多方法治疗。再说感冒多数是病毒感染所致，不需要用抗生素。一些轻微的疾病，都可以用些辅助手法治疗，解除孩子病痛，根本不需要服药。下回孩子感冒发热了，可以通过推拿、刮痧等方法解决。全家人听了觉得我说得过于夸张，都半信半疑。

过了几个月，孩子上午在外面玩耍淋了一些雨，中午的时候有一些低热。当时我也在家，我觉得这次是个机会，可以亲力亲为照顾孩子，又可以给他们上一堂生动的绿色疗法课。这次，我没让孩子他爸插手，自己在厨房煮了一碗葱白红糖姜水，让孩子趁着热乎乎的时候喝下去一大杯，然后让孩子躺好，我一边跟儿子聊着天，一边帮他开天门、推坎宫、按揉太阳穴。然后让孩子趴着，我又不停地搓热他的大椎穴，最后做了推脊。

大概过了15分钟，孩子一边想伸出胳膊，一边对我说："妈妈我热。"又过了15分钟，我看见孩子的脑门上冒出了微微的汗珠。

我知道这下差不多了，因为这种治疗方法在中医里叫作"微微生火，鼓动人体的阳气，驱邪外出，使邪气随汗而解"。孩子立马感觉好多了，整个人也精神了许多，连声喊妈妈、爸爸。就这样我哄着孩子睡了一个午觉，等下午起床的时候孩子已经生龙活虎般玩耍起来。

这下全家人都乐开了花，连声夸我厉害，都没吃药就把孩子的疾病给治好了。我说："孩子生病，并不是每次都要用药物治疗的，要有选择性地用药，能不用则不用。"他们也不好意思地点了点头，连声说："是是是……"

8.

孩子用药别"贪多"

孩子因为肾脏和肝脏的发育都没有完全，所以对药物的代谢功能不是很完善，有些药物很容易在体内蓄积，达到一定浓度之后对人体可以造成严重的不良反应，所以孩子的用药剂量在临床上严格按千克体重计算。有些家长朋友对于医学知识不是很了解，经常相信一些民间的传言，很多老人都是说："小孩的药物减半即可。"临床上一些药物确实没有儿童剂量，需要根据成人的药量进行计算。但是并不是简单地减半，需要根据儿童体重进行折算，有的还需要考虑年龄，尤其是一些抗生素、激素等西药。而中药应用一般要根据年龄，年龄越小，剂量越小，学龄童一般用成人量的2/3。

记得我在晚上出儿科急诊的时候碰到过一对父母带着孩子来，他们两岁多的孩子发热，吃了很多的药，孩子居然不但没好，反而叫不醒了。现在两个家长着急的不行。我一问情况，原来家长白天在家贪凉，开着空调，空调还对着孩子吹，一白天下来，孩子当天晚上就发热了。我当时心里念叨着："这是空调病，寒包火啊。"

　　他们说，孩子晚上发热，量了一下温度，也就38.7℃，并不是很高，就犯了一下懒，大晚上的也就没有及时地将孩子送到医院就诊。他们在家给孩子用了一些退热药，当时也没多考虑，先给孩子吃了一些退热的中成药，但孩子的热依然没有退下来，大晚上的难受地叫唤。父母俩就怀疑药效不够，又给孩子吃了两片退热的西药。

　　结果，当时孩子的热很快就退了，也不怎么难受了，父母俩非常的高兴，也回屋里休息去了。还好母亲留了一个心眼，过了半小时，放心不下，又悄悄地去孩子屋里看了一眼，可把母亲吓坏了，孩子脸色苍白，一摸额头，感觉孩子皮肤冰凉，叫了几声孩子的小名，孩子也没什么反应，父母俩立马收拾东西，将孩子迅速送往医院。

　　孩子刚来的时候，我立刻将孩子放到抢救室，因为根据初步的判断我认为孩子出现了休克的早期症状。经过一晚上的抢救，孩子的生命体征逐渐恢复了平稳，神志也渐渐苏醒了过来，刚醒来就哭喊着要妈妈，急诊室的护士哄来哄去也没招。

　　我让母亲在抢救室里陪着孩子，我一边观察着孩子的生命体征，一边用责怪的语气对她说："怎么能对孩子这么不上心，平时多学习一些医疗的常识，孩子年纪还小，身体都没有发育完全，大人生病了乱用药也吃不消，更何况是个小孩，没出什么大事算是万幸的了。"这位母亲也认识到自己做错了，在旁边哭着点了点头。

　　第二天早上，我又去对孩子进行了检查，孩子恢复得还不错，已经没什么大碍了，就是经过一晚上折腾，神情略显疲惫。我将他转移到观察室，继续留观一段时间，没什么大事就可以出院了。

　　我交完班，下夜班临走之前，专门跑到这位孩子的家长面前，给他们科普了一下小儿的用药知识："你们以后得注意，别再给孩子乱用药了，这次还好发现得及时，自己没有医学知识，可以勤快一些，多寻求专业人士的帮助，现在交通这么便利，医疗条件这么好，来医院看个病也就几十分钟的时间。"

　　然后我将给他们开的药物打开了其中一种，拿出说明书，严厉地说："自己不懂，难道还不会看说明书吗？上面对小儿的药物剂量写得很清楚，每次用多少，怎么换算，最多不能超过多少，这些都写得明明白白的，照着做就行了。这次给你开的药，知道怎么喂孩子吃吧，别再吃多了又来急诊。"孩子的父母不好意思地点点头说："都记清楚了，不会再弄错了，放心吧，崔医生。"

　　孩子的体温还有些高，我又给他开了一些发汗解表的中成药，孩子吃过以后，当我准备回家休息的时候，孩子稍微有点出汗了，额头上闪烁着小汗珠，用体温计一量体温，显示36.8℃，家长终于松了一口气，原本烦躁不安的孩子也在妈妈的怀里睡着了。

　　当时我真替这两口子捏了一把汗，药不可以乱吃，一定要遵照医嘱。而且退热在中医里有很多简单易行的办法（后面的章节将会详细地介绍），如果当父母的都知道的话，又怎么会发生上面这么危险的事呢！

9.

衣食住行，每个细节都要做好

孩子的身体健康少不了家长的细心呵护，在生活中，孩子还不懂事，对于外界事物的认知还处于朦胧阶段，所以家长对于孩子的衣食住行都要考虑得面面俱到，这节内容我就给广大的读者朋友介绍一下孩子衣食住行中的每个细节。

先说说孩子的穿着吧，现在家长朋友越来越追求孩子的外观漂亮，所以小小的孩子就被打扮得特别新潮时尚，其实这是家长的虚荣心在作祟，小小的孩子没有这么多的想法，只对舒适与否产生反应。

所以我给广大家长的建议是，孩子的衣服穿得舒适、干爽、易于穿脱即可，不用追求什么款式和品牌。衣服最好选择透气全棉的布料，对于婴儿来说现在在大城市的家长们都已经放弃尿布了，因为清洗尿布非常的麻烦，一般都会选用亲和无刺激的纸尿裤。

老一辈人照顾孩子很有经验，但是有些经验也是错误的，例如老一辈的家长都认为孩子不能冻着，一定要多穿一些，捂得严严实实的。其实这是错误的观点，因为任何时候孩子的穿着都以适合为主，没有必要刻意地保暖，有些时候捂得太严实反而适得其反。

我在坐月子的时候，母亲帮我照看孩子，因为是在冬天，天气是比较寒冷的，所以就把孩子里三层外三层的捂得严严实实的。其实北方的冬天屋内都有暖气，根本就没有必要穿那么多，所以我家孩子在冬天里反而起了痱子，全身上下都是。后来我抱着孩子去医院拿药的时候，害我还被科里的同事调侃，说我自己是儿科医生，还照顾不好孩子。

古代医家提出小儿"不可暖衣，……宜时见风日"。孩子筋骨不坚，需要锻炼其适应寒温的能力，所以不要捂太厚，这样才能感知季节温度的变化，逐渐适应。过去的孩子，大冬天都穿着开裆棉裤露着小屁屁，就在院子里乱跑，反而适应了外界的变化，也没冻着生病啊。所以广大的家长朋友们不必过于担心孩子冻着，唯一要注意的就是在炎热的夏天，因为家里开着空调，所以一定要注意孩子的保暖，夏天热，出汗多，更容易受寒，易造成孩子生病。

其次要讲的就是孩子的饮食，孩子在0～6个月的时候，我一直坚持母乳喂养。广大的读者朋友们一定听过不少关于母乳喂养的好处，我在这里就不赘述了，其实母乳最大的好处就是含有孩子身体必需的免疫蛋白，是其他任何奶粉都无法比拟的，坚持母乳喂养可以增强孩子的免疫力，避免孩子生病。

用母乳喂养的年轻妈妈都会很清楚，孩子在前几个月里基本不会生病，相反用其他奶粉代替母乳喂养的孩子，早期就会经常去医院。有些奶粉喂养的孩子，相对而言，也容易上火，出现便秘、唇红等现象。6个月左右，我就开始给孩子添加一些辅食，所有的辅食，我都是自己在家精心地准备，买了一台进口的宝宝辅食加工机器。先从水果和蔬菜加起，我将香蕉、苹果、西红柿等食物用机器里加工好，试吃了一周，如果不合适就换。

有一些蔬菜需要焯熟了，在这里需要给广大的家长朋友介绍一个小窍门，带叶子的蔬菜，可以在水里稍微汆一下，然后再加工，这样才能尽可能地保持蔬菜的营养，也不会变黄。

这样的食物依次试吃一个月，中间可适当加鲜榨果汁、菜汁。我也没有买任何罐装的食品，完全是自己加工的。这样就可以完全保证孩子的食物新鲜、健康、安全。七八个月的时候，孩子的食谱基本就固定了，可以适当地加一些蛋白质含量高的鸡蛋和肉类，将鱼肉、猪肉、虾、鸡肉轮换着给孩子添加。

孩子吃得好不好，主要是从孩子粪便的好坏来判断的，孩子每天拉黄色的成型大便，便质细腻，没有粗大的不消化的食物，说明食物消化得充分，作为母亲每次看见孩子能够通畅地拉出一坨健康的便便，我也感到非常的欣慰。

再来说说孩子的居住环境，孩子居住的环境首先就是要求安静。因为刚刚出生的孩子，他们的神经系统尚未发育完全，对新鲜的外界事物需要慢慢地适应，所以一天最主要的事情就是睡觉，一天24小时除正常的饮食和短暂的睁开眼接受外界事物外，其他的时间几乎都在睡觉。因此要绝对保持孩子居室里的安静，父母在家也不要大声说话，千万不要放一些刺耳的音乐和电视节目，这样才能保证孩子充足的睡眠，孩子才能健康地成长。

同样要保持室内环境的清洁，每天都要开窗通风，保持室内空气的新鲜，室温控制在24℃左右。房间的窗户最好要有充足的阳光照射进入，因为阳光是最好的消毒工具，可以保证孩子居住环境的干净。家里的男同志需要注意的就是严禁吸烟，因为孩子的呼吸系统处于发育的阶段，很容易受外界影响而导致生病。

最重要的一点就是在孩子出生的一个月内应尽量减少亲朋好友频繁地进出孩子的房间，因为孩子的抵抗能力较弱，有外人要触碰孩子的时候，一定要先洗干净双手，一方面是为了避免孩子感染，另一方面也是为了保证孩子能够更好地睡眠休息。

最后再介绍一下孩子的出行，刚出生的孩子，不建议频繁地抱起来，以免养成孩子不抱就哭的坏习惯，这样养孩子母亲会非常的劳累，大晚上的也睡不好觉，也会对奶水的质量造成影响，间接地影响孩子的健康成长。

在孩子满月之后可以适当地抱孩子去外面晒一晒太阳，晒太阳的时候要注意对孩子眼睛的保护，一定不要将阳光直射孩子的双眼，以免导致孩子视力受损。现在家庭的生活条件好了，孩子稍微大一些能够坐起来或者四处爬的时候，有些家长朋友就跃跃欲试，喜欢带孩子四处地游玩。我是不建议家长这么做的，首先孩子太小外出很不方便，其次是很容易因为外界环境的变化而出现水土不服，造成孩子的消化功能紊乱，出现呕吐、腹泻等。

现在市场上有一些婴儿代步车，美其名曰是为了训练孩子走路的，有些家长试过了都会向周围的朋友推荐。其实不然，这种婴幼儿的代步车虽然能够让孩子更早地学会行走，但是由于借助了外界的工具，有种揠苗助长的意思，很容易造成孩子的骨骼畸形，影响孩子的平衡能力。所以不要过早让孩子学走路，只要孩子的大脑发育正常，走路是水到渠成的事。我建议多训练孩子爬的能力。我在家中的客厅里铺了一层地毯，尽可能地让孩子爬，孩子的肌力强了，自然就要站，逐渐会走。

说了这么多孩子的衣食住行，广大的家长朋友们应该有所收获，但是养育孩子不是一件简单的事情，需要我们不断地探索和学习。虽然我是儿科的医生，但是当我自己成为一位母亲的时候，也是通过一步步的学习才慢慢成长为一名合格的妈妈。

10.

贴心、用心胜良药，和孩子一起面对成长与疾病

　　家长的贴心照顾，用心学习，对于孩子的疾病就是最好的药，和孩子一起面对成长的烦恼就是一味包治百病的良药。家长对于孩子的细心照顾，我有个故事想和广大的读者朋友们分享。曾经有位家长朋友，她就给我留下了很深刻的印象，她是位年轻的妈妈，别的产后妈妈一般都是有人陪同着来的，基本上都是全家出动，四位老人加上老公五位陪同全程。

　　这位年轻妈妈是一个人抱着孩子来的，所以我当时感觉非常的奇怪，通过耐心地询问才知道，她是个外来务工人员，在一家餐馆里当服务员，原来有个男朋友，还没有结婚，就怀上了孩子。在餐馆里工作比较劳累，也没有怎么休息好，而这个男人非常缺乏责任感，觉得她和肚子里的孩子是拖累，就独自一人跑了。

　　这位年轻的妈妈十分的伟大，鼓起勇气把孩子生了下来。虽然母子平安，但是可能因为精神和生活压力大的原因，孩子并没有足月就生产了，是个早产儿。

用这位母亲的话说，当时孩子生下来的时候在恒温箱里待了一周，身材十分的小，就和一只猫咪那般大小。

妇产科的医生一直建议让孩子在恒温箱里继续观察，但是由于费用昂贵，母亲决定将孩子抱回家，当时妇产科的医生都觉得这孩子活不了了，还让她在知情同意书上签了字。

现在就她一个人带着孩子生活，可能是老天爷的眷顾，这位母亲的奶水比较充足，所以孩子一直都不愁吃。因为是早产儿，所以孩子的身体比较虚弱，妈妈对孩子那是无微不至地照顾，与孩子形影不离，虽然条件比较艰苦，但是通过自己的努力，也弥补了物质上的缺陷。

她来找我的时候是为了孩子身上的斑疹，可能最近天气炎热，母亲一直抱着孩子，出了汗也不敢吹电风扇，生怕孩子着凉生病，所以就长出了一些斑疹。

她抱着孩子来找我的时候，显得比较着急，因为宝宝是她的全部。我首先安抚她的情绪，并且夸奖她："一个人带孩子真不容易，本来妇产科的医生都认为这孩子养不大，没想到通过你无微不至的照顾，孩子不也长的挺好吗？孩子身上的这些斑疹，没有什么大碍，就是天气炎热造成的，不用太着急了。"

考虑到她的经济条件，我只是给她开了一包马齿苋，并交代了夏天一些日常护理事项。我让她回去用一盆开水泡马齿苋，等水温合适，给孩子洗澡。马齿苋就有清热解毒利湿的作用，对斑疹有一定的疗效。

这个方法便宜，疗效又好。一周左右，这位伟大的母亲带着孩子回来复诊，说太感谢我了，孩子身上的斑疹已经完全消退了。我对她笑了笑说："药物起的作用只是一方面的功劳，最主要还是有你这位伟大的妈妈，贴心照顾对于孩子的疾病就是最好的药，和孩子一起面对成长的烦恼就是一味包治百病的良药。"

第二章

营养对了，
孩子身体壮、生病少

1.

孩子营养跟不上，疾病就容易侵袭

　　孩子身体娇弱，父母要首先找自身原因。其实大多数孩子生病，都是后天失养所致。早期婴幼儿采取母乳喂养是最好的选择，因为母乳是孩子最好的营养品，可是到了断奶的时候，或者母亲奶量较少，孩子不够吃时，家长朋友就得细心地准备，根据需求加强孩子的营养，为孩子的健康成长提供必需的原料，这样才能促进孩子身体强壮，少生疾病。

　　中医里将人体抵御外邪的物质称为"卫气"，相当于人体的机体屏障、体液免疫、细胞免疫等。早在中医古籍《黄帝内经·灵枢·本藏》中就有记载："卫气者，所以温分肉、充皮肤、肥腠理、司开合者也。""卫气充则分肉解利，皮肤调柔，腠理致密矣。"这两句话的意思就表明卫气的屏障防御功能。

　　但是卫气的形成又来源于水谷精微，中医古籍《黄帝内经·素问·痹论》中说："卫者，水谷之悍气也，其气慓疾滑利，不能入于脉也，故循皮肤之中，分肉之间，熏于肓膜，散于胸膛。"说明卫气主要由脾胃运化的水谷精微所化生，是水谷之气中比较剽悍滑疾的部分，具有温养内外，护卫肌表，抗御外邪，滋养腠理，开阖汗孔等作用。

孩子的营养跟不上，水谷精微化生来源不足，导致卫气不足，则皮肤腠理疏松，易受外邪侵入而得病。

曾经有位外地的小儿患者家长来找我看病，她家的宝宝已经两岁多了，是个男孩，刚看见这个孩子的时候，就明显可以感觉到他的瘦小，整个轮廓就是非常的干瘪。他的母亲告诉我，孩子从小到大一直在生病，基本没有停歇过，老家的亲戚朋友都戏称他是"药罐子"。作为母亲很是苦恼，专门从外地坐火车来挂了专家号，看看有什么办法能够帮助孩子。

我又仔细地询问了孩子从小到大的饮食，原来孩子刚生下来的时候，产妇就少奶，基本没有什么奶水，孩子根本吃不饱，再加上家在农村十分的闭塞，交通不便利，买奶粉非常的不方便，所以孩子从小都是喝米汤，吃米粉长大的。

再加上农村生活条件也差，母婴的健康知识普及也不够，这个孩子就这样被糊里糊涂的养大了，但是孩子的发育比同龄人都要晚一些。别人家的孩子一岁多就"呀呀呀"地想说话，这个孩子到现在也不能说话，这在中医里叫作"语迟"，属于"五迟"之一。同村的孩子都嘲笑说她孩子是哑巴，说到这些伤心事，母亲忍不住，在我面前流下了眼泪。

她家孩子本来就长得比较娇小，再加上一直营养跟不上，所以就一直病恹恹的，虽说也没什么大病，就是一些感冒、发热、咳嗽的小病，开始家里人也不在意，觉得大了就好了。平时有病了就在当地诊所看看，经常输液。但总是生病，家里就一个男孩，觉得这样下去，孩子还没长大，身体就垮了，这才下定决心坐火车来北京求医问诊。

听她说完，我心里就明白了，孩子现在出现的所有症状，都是由于从小营养不良引起的。于是我耐心地开导她们："不用太紧张，孩子现在还没有什么大问题，就是从小营养没有跟上身体的发育成长，所以孩子现在抵抗力弱一些，生病的时候就会多一些。"

我除了给她们开了一些调和营卫，益气固表的药物之外，还详细给她们介绍了食疗的方法，加强孩子的营养。我怕她们记得不是很清楚，就用笔在纸上写了满满的一页加强营养喂养的方法，还教了几个推拿的穴位和手法。这位母亲接过我递给她的纸张，握住我的手，满眼泪花，像捡到一根救命稻草一样，感动地说："太感谢了，我回去之后一定好好地给孩子补充营养，让他能够健康地成长，少受一些罪。"说完之后，她就带着孩子拿完药，满怀希望地离开了。

2.

防治疾病，营养比药更重要

随着现代医学的发展，越来越多的人注意到营养的重要性，对某些疾病来说，营养比药物的疗效更显著，于是在近代产生了营养学这个学科专业。

现代越来越多的三甲医院设立专门的营养科，在以往营养科根本没有发挥到专门的效用，基本上成为管食堂的代名词。但是，随着人们越来越重视营养对人体防治疾病的作用，这个学科也逐渐发展壮大起来。

在广大读者朋友心中传统意义上的营养，指的就是孩子一日三餐所吃的饮食，很少有人会考虑孩子对每一种元素的摄入量。在临床上，医生对人体每天摄入的每种元素和能量都有明确的定义，大多数都是根据体重来换算的。有些疾病对于机体的消耗太大，就需要及时地从外界补充，才能维持人体的正常需求，所以就需要家长朋友对营养进行精心的设计。

根据需求补充的营养，可以充分地调动人体的代谢，既不浪费也不加重机体的负担，使人体出入量保持平衡的状态，这样也能使疾病更加迅速地痊愈。所以在临床上，住院病人会经常看到护士到床头来问你一天的进食量和排泄量，计算出入量汇报给医生决定下一步的诊疗方案。

也许说了这么多，广大的读者朋友还对营养没有什么直观的印象，在医院中运用营养学知识最厉害的科室一般是重症监护室，给大家分享一个我在重症监护室轮转时遇见的小故事吧。

当时我还是研究生，被分配到消化科轮转实习，消化科的医生必须掌握营养热量的计算。无论医生还是护士，每天都拿着一个小本子在背各种换算公式和正常值，因为主任每天在早交班的时候都会提问相关的知识。

我当时还是学生，每天跟着带教老师学习。有一天从儿科病房收了一个6岁左右的小女孩，她因为不明原因腹水2周而住院。在外院儿科，经过治疗，病情一直未有好转，孩子精神状况很差。

由于家长不能陪，孩子一直在哭闹，通过护士们的不懈努力，连哄带骗地，终于安抚住小姑娘的情绪，护士长还从家给小姑娘带来了许多玩具。每次查房的时候，小姑娘很配合地在床上拿着她的毛绒玩具，甚是可爱。从每天的化验结果来看，小姑娘各项指标都偏低，特别是白蛋白含量，肚子也鼓得老大，做了B超，显示里面全是液体，摸肚子时手底下感觉都有波动。

因为腹水太多，小姑娘已经平躺不下了，只能半卧着，还影响呼吸。主任专门为这个小姑娘的病情组织了全科大讨论，大家一致认为，小姑娘每天的营养摄入量明显不足，才导致了各项指标偏低，必须加大摄入量。但是小姑娘腹水的问题没有解决，一边补充一边往外漏，相当于这边开着水龙头往田里灌溉，那边有个巨大的缺口没有填补，所以这是在做无用功。

最后大家讨论出来的治疗方案就是要进行营养的调配，让孩子的出入量平衡，加强营养，然后明确孩子腹水的病因，去除病因。

　　我也跟着带教老师治疗小女孩，刚开始觉得孩子肚子里的腹水太多，想抽一些，缓解一下症状，但是主任制止了我们的做法，向我们解释，小姑娘白蛋白指标这么低，腹水是由于血浆胶体渗透压降低，液体从毛细血管漏入组织间隙及腹腔造成的，现在处于一个内外平衡的状态，可在一定程度上控制液体渗出。

　　如果抽出腹水，虽然能够短期内缓解症状，但是体内液体会迅速地漏出再次形成腹水，孩子的营养本来就处于缺乏状态，这样的浪费是对孩子身体的再一次打击。应该采用合理的营养补给，加上补充白蛋白，改善机体胶体渗透压，组织液就会被人体重新吸收，腹水也就下去了。

　　我们依照主任的查房医嘱，每天都用各种公式给小女孩算营养的补给量和消耗量。每天早上交班最重要的一件事就是护士给我们汇报小姑娘的出入量，查完房，就能看见我和带教老师在桌子上和个小学生似的，拿着笔在纸上做着计算题，根据小女孩的出入量计算每天需要补充多少营养。护士们看见了都和我们打趣道："又在做数学作业，快点算啊，待会医嘱快点出，好去取药。"

　　其实营养的计算是个很复杂的过程，经过我们一段时间的努力治疗，纠正孩子的低蛋白，以更好地控制腹水，针对本病的病因，别的治疗都比不上营养调节来得有效。小姑娘的腹水一天天地减少，肚子也干瘪下去，孩子的家长看了都高兴地哭了。

　　最后查出来孩子其实是肝功能不全导致的腹水，被转到儿童医院进行保肝治疗。通过这个例子，使我认识到营养疗法的重要性。

3.

不同阶段，孩子的营养需求是不同的

　　每个年龄阶段，孩子的营养需求是不同的，对于孩子来说，营养均衡是最关键的饮食原则。我在医院出门诊的时候，很多家长朋友带孩子来看完病，都会问一句："崔医生，我家孩子应该吃些什么，不能吃什么？"其实这是个很难回答的问题，现在市面上也有很多介绍如何喂养孩子的书籍，人家用一本书才把孩子的饮食讲清楚了，在临床短短的几分钟对话怎么能将孩子的营养需求说清楚呢？

　　孩子不同阶段的营养需求是一门学问，我在读研究生阶段，有个专业叫作营养学，属于公共卫生专业大类，是专门研究人体对各种营养成分的需求的。

　　但是在临床上如果有家长朋友非得要我讲讲该怎样给孩子补充营养，我都会说："孩子在成长过程中，因为还在不断地发育，所以身体每天都在发生变化，不同年龄阶段的孩子，营养补充的重点是不同的。"可以根据孩子所处的阶段，合理地搭配膳食，为孩子提供丰富的营养需求，帮助孩子健康成长，然后将事先打印好的健康宣传材料交给孩子的家长，下面就是健康宣传材料上的大概内容，我给大家详细地介绍一下。

❶ 新生儿期

刚出生的新生儿，最好用母乳喂养（在前面的章节中已经详细提到过）。母乳中营养成分种类齐全，各种营养成分的比例合适，新生儿容易消化吸收，最主要是含有新生儿早期抵抗外界侵袭的各种免疫因子，帮助孩子形成自己的防御体系，预防各种感染性与传染性疾病，这些都是其他任何高档奶粉都无法替代的。

所以，在新生儿期，母乳就是孩子最好的营养需求，是家长朋友们的最佳选择。在这段时期，千万不要给孩子额外添加其他任何辅食。因为孩子刚刚接触新的环境，身体各个器官都没有发育完全，特别是胃肠功能，非常的娇弱，广大的家长朋友们不必再添加其他的食物。

假如产妇少乳或者无乳，或者母亲因为乳腺炎、药物等各种原因不能喂孩子吃母乳，那可以退而求其次，选用婴儿配方奶粉，千万不要直接用牛奶喂养，因为大部分的婴幼儿对牛奶都消化不良，很容易造成孩子的腹泻。

❷ 婴儿期（1～12个月）

孩子在这段时间里生长得非常快，特别是体重，可以进行成倍的增长。健康的孩子在这段时间里，除了可以继续用母乳进行喂养之外，家长朋友们可以在6个月后逐渐给孩子添加一些辅食，鸡蛋、蔬菜、面糊、肉类、米汤、豆制品等都是不错的选择，为孩子的断奶做好充分的准备。

辅食的加工最好由家长亲自操作，这样比较干净卫生，也是育儿过程中美好的经历。首先准备一台辅食加工机器，将准备好的原材料弄碎，放入辅食机中，加工成糊状的辅食，和奶粉一起喂入孩子的口中。蔬菜的加工和大家强调一句，请用水汆熟，不要直接用水煮，这样叶子会变成黄色，破坏了其中的营养成分。

❸ 幼儿期（1～3岁）

孩子在幼儿期的时候，消化能力和身体抵抗力比之前稍稍增强了一些，但是和成人相比也略显娇弱，身体的生长发育逐渐放缓，但是头脑智力的发育逐渐加速。这时候就需要及时补充一些人体必需的微量元素，例如多种维生素可以帮助孩子吸收营养，提高免疫力，促进智力发育。维生素D能帮助钙质吸收，为孩子牙齿及骨骼发育提供助力。

对于幼儿期的孩子，应该每天保证500毫升左右的奶量，并注意肉类、蔬菜、水果、鸡蛋、豆制品的供给。除了早中晚三餐之外，可以适当地进行加餐。但是要注意孩子牙齿的情况，密切关注孩子的出牙。有些孩子虽然牙已经逐渐出齐，但是牙齿的咀嚼功能仍然较差。所以喂养这个阶段的孩子还是应该将食物搅碎捣烂，适当地喂一些稍硬的食物，锻炼孩子牙齿的咀嚼能力。

上面说了孩子的咀嚼能力可能不好，广大家长朋友千万不要陷入一个误区，只给孩子喂一些稀饭、米糊、面汤、藕粉之类的流食，这些食物对于孩子来说，不是不能吃，只是长期只吃这些食物，很容易造成孩子缺少铁、锌、钙等微量元素，影响孩子健康发育成长。

如果去医院检查时发现孩子缺乏微量元素，广大的家长朋友们也不要过于担心，可以根据医生的建议，服用一些药物，加上饮食的调理，孩子很容易就能恢复正常。

建议广大的家长朋友们千万不要给孩子乱吃营养品，因为营养品中的各种成分我们并不是很清楚，有些营养品还含有激素，虽然孩子表面上看起来吃完营养品后身体强壮，其实是孩子早熟的一种表现。

❹学龄前期（3～6岁）

孩子已经开始去幼儿园上课了，在这个阶段，孩子的课外活动增多，接触的新鲜事物也逐渐增多。他们需要大量的蛋白质、脂肪和碳水化合物来维持身体的运转。这个年龄阶段的孩子，食物基本上和成年人一样，主食可以用普通的米饭、面食，菜的种类要丰富，荤素搭配要合理，避免过于油腻的食物，因为现在孩子很容易就出现肥胖的症状，幼儿园里很多都是胖孩子。

饭后可以根据需要添加一些水果，保证孩子维生素的摄入量，但是饮料与小零食，我奉劝广大的家长朋友们，千万不要让孩子过早地食用，要尽量少吃。因为大多数零食和饮料当中都含有添加剂和防腐剂，对孩子的健康成长会有很大的损害。

在大城市里的幼儿园，孩子午饭一般都是在园里吃的，幼儿园的膳食搭配一般会比较合理。家长要注意孩子对食物的各种反应，因为有些孩子并不是对所有食物都适合，会出现一些过敏的症状。家长有了解孩子情况的，要及时通知幼儿园的老师，避免食物过敏现象的发生。

这个年龄的孩子最主要的是培养孩子的饮食习惯，防止出现挑食、偏食的现象。即便有的孩子出现了挑食、偏食的问题，家长也要尽量避免给孩子贴上这样的标签，要定期尝试不喜欢的食物，鼓励孩子进食，巧妙地纠正不良的进食习惯，更不要呵斥孩子。这个阶段摄入的食物已经接近成人水平，涵盖大部分人体生长所必需的成分，无须再添加任何东西，注重良好饮食习惯的养成，也能帮助孩子健康地成长。

❺学龄儿童与少年（7岁以后）

这个年龄阶段的孩子已经开始上学了，他们的生长发育速度比较平稳，身体骨骼的发育迅猛，大脑发育加速，通过大量的学习，是智力开发的最好阶段。所以，孩子的身体更需要充足丰富的营养支撑，广大的家长朋友们在此时更应该重视孩子的饮食营养。

在大城市中大部分孩子中午都在学校就餐，一日三餐，由于生活节奏的加快，早餐很容易就被忽略了，中餐又是学校固定的，家长改变不了什么，只有晚餐，家长朋友们才能为孩子加强营养。所以，我建议家长在晚餐的准备上不可以单一，一定要注意营养的搭配变化，让孩子回家之后能够吃上一顿可口的、营养丰富的晚餐。

但是，此阶段的孩子也是最易变胖的时期，特别是现在垃圾食品泛滥，路边一些油炸食品是孩子们的最爱，家长朋友们务必注意控制孩子兜里的零花钱，尽量不给孩子吃各种洋快餐、高糖、油炸食品的机会。

❻ 青春期的孩子（女孩11～13岁，男孩13～15岁）

在这个阶段的孩子需要大量的营养补充，对热量的需要达到了巅峰。此阶段的孩子因为激素水平的变化，特别是生殖器官的发育，第二性征的出现，所以需要摄取大量的营养，来维持身体和心理的变化。

一个青春期男孩每天需要的热能为2 400千卡（10 046千焦），女孩为2 300千卡（9 627千焦）。这么多热量的产生就需要大量的食物作为基础，所以，对于青春期的孩子来说，首先要保证足够的食物摄入量，这才能为身体提供足够的热量，有些孩子因为怕胖而背着家长节食，很容易影响到青春期的正常发育。

蛋白质、脂肪、糖类、微量元素、维生素和水，它们都是人体所必需的物质，所以家长一定要上心，多给孩子一些关心。特别要提到的是矿物质，因为青春期的孩子对矿物质的需要量巨大，例如钙参与骨骼的生长形成，如果钙摄入不足，必然会影响孩子骨骼发育，对孩子的身高有很大的影响。并且女孩子此时对铁的需要量高于一般人，铁是血红蛋白的重要组成成分，如果铁元素的摄入量缺少，很容易就造成女孩缺铁性贫血，特别是女孩月经初潮的时候。所以家长要在膳食中多准备一些含矿物质高的食物，例如肝脏、海带、紫菜等。

总而言之，各个阶段的孩子所需营养的侧重点都不一样，所以家长朋友们为了孩子的健康成长也需要学习，耐心细致地为孩子们调整膳食结构，保证孩子每个阶段所需的营养摄入。

提高孩子免疫力的食物有哪些

广大的家长朋友们最闹心的一件事，莫过于孩子频繁地生病，不仅对孩子的健康成长有影响，而且带孩子去医院看病，也是件很麻烦的事情。在北京，去过医院的人都知道，从挂号、看病、检查到拿药，都需要排很长的队伍，大早上带着孩子七点多到医院，甚至更早，看完病回到家可能得下午一两点了。

其实为了孩子少生病，少去医院受劳顿之苦，增强孩子的抵抗力才是关键。怎样才能提高孩子的抵抗力呢？可以从孩子的饮食着手，因为健康的孩子不可能用药物来增强抵抗力，再加上现在的保健品有的成分不明，根本就不能随便给孩子使用，实际上饮食是增强孩子抵抗力最好的方法。

但是根本不存在吃了哪一种神奇的食物就能够立刻达到提高孩子抵抗力的效果，因为抵抗力的增强是和孩子整体的身体营养状况密切相关的。所以家长朋友们要想提高孩子的抵抗力，一定要注意营养均衡。现在我就向广大的读者朋友们介绍几种食物，对提高孩子的抵抗力有较大的作用。

❶水果：深色水果

为什么选择深色水果？因为深色水果中富含花青素，如草莓、火龙果、桑葚、橘子等深色水果能够刺激孩子机体免疫系统的活力，调动免疫细胞工作的积极性，保护人体免受外界的侵袭。富含维生素C和胡萝卜素的胡萝卜也很不错，特别是苹果有促进干扰素合成的作用。

食谱推荐：火龙果苹果泥。

适合孩子：6个月以上。

火龙果苹果泥制作方法：将火龙果和苹果去皮切块，最好选用红心的火龙果，效果更佳。将苹果块放在水里煮10分钟左右，使苹果块软烂，然后取苹果块和红心的火龙果在辅食加工机器中搅烂呈泥状。然后用温热的苹果水冲泡少量的奶粉，和火龙果苹果泥混合均匀即可。

❷酸奶

酸奶中含有丰富的益生菌，能够促进孩子肠道菌群的协调，让孩子每天都能拉出金黄色的成型粪便，是孩子健康成长的好帮手。并且酸奶中的营养物质比奶粉更易被孩子消化吸收，各种微量元素的利用率更高，还可促进食欲，增强消化功能。现代医学研究证明酸奶能够改善人体内环境的建设，提高机体抵抗力，防御病菌和病毒的伤害。

推荐食谱：水果沙拉。

适合孩子：1岁以上。

水果沙拉制作方法：这里的水果沙拉，是用酸奶代替沙拉，并不是传统意义上的水果沙拉。取孩子喜欢的水果，一般都是含糖量比较高的，糖尿病患儿的选择除外。如梨子、香蕉、西瓜，切成直径3～4厘米的大小，然后倒入酸奶，搅拌均匀即可。

❸ 淀粉类主食

对于孩子的主食方面，我一直倡导薯类好于谷物，因为薯类食物不但具有饱腹的功用，还能给孩子提供大量的B族维生素、维生素C、膳食纤维等。例如红薯、土豆、芋头、山药，这些薯类食物富含淀粉和纤维素，可以给孩子平时的活动提供大量的能量，同时还有助于食物残渣在肠道形成粪便，并且可以吸收肠道的毒素，促进肠蠕动，减少孩子便秘的机会。

推荐食谱：红薯粥。

适合孩子：6个月以上。

红薯粥制作方法：之所以选用红薯，是因为红薯含糖量要比白薯高，更利于孩子的能量补充。将红薯洗净后去皮切成直径约3厘米大小的块状，大米用清水洗干净以后，加足量的白开水，这里最好用纯净水。然后把切好的红薯和大米混合，放入高压锅中蒸煮，当粥煮好以后，有些红薯还是呈块状，可以用勺子在锅中顺时针搅拌，把红薯捣烂，使红薯和粥充分地混合，晾至合适的温度就可以给孩子喂食了。

❹ 蔬菜：深色蔬菜

前面讲了深色水果，这里再给广大的读者朋友讲讲深色蔬菜。颜色浓重的橙黄色蔬菜，因为其中富含的胡萝卜素，可以加强人体免疫系统的屏障防御作用，所以多吃深色蔬菜可以增强孩子的抵抗力。

颜色浓重的绿色蔬菜，含有特别丰富的叶酸和叶绿素，是人体免疫因子形成的重要原料，对免疫因子的形成有重要的促进作用，例如西蓝花、白菜、莴苣、空心菜、菠菜等都是常见的绿色蔬菜。

食谱推荐：西蓝花炒虾米。

适合孩子：2岁以上。

西蓝花炒虾米制作方法：将虾米用清水泡制，15分钟后捞出浮在水面上的虾米弃置，留下沉入水底的虾米。然后将西蓝花洗净用刀取上面的伞盖，尽量把下面的茎干除去，切成小朵，放入锅中焯熟，然后捞出和虾米在一起爆炒，尽量少放盐，不放任何的鸡精和味精，因为鸡精和味精完全属于调味品，对西蓝花的营养有破坏作用，翻炒成熟后，出锅即可。

5.

有利于孩子骨骼发育的食物有哪些

给孩子适当地补充钙质，对于孩子骨骼的生长发育是有帮助的。因此广大的家长朋友们应从每天的膳食中，给孩子准备各种富含钙质的食物，例如牛奶、乳酪、鱼、蒿苣菜等食物都是常用的补钙食物。有些食物会造成人体钙质的流失，家长朋友们需要特别注意，例如孩子爱喝的饮料等，要尽量避免孩子饮用。

孩子的正常生长发育与骨骼密切相关，若骨骼出现异常，对孩子的身体有很大的影响，例如孩子的身高太矮、佝偻病、骨质疏松症等，所以钙质的补充在孩子的饮食中至关重要。广大的家长朋友绝对不能掉以轻心。

骨骼中的钙质是以磷酸钙的形式存在的，所以在日常的补钙中，不能单纯地补钙，也要适量地补充磷酸盐，这样钙质才能被人体吸收利用，否则都被人体代谢排出体外了。有些家长朋友就是忽视了这点，所以在临床上可以经常听见有家长埋怨："我平时已经很注意了，天天想着给孩子补钙，但是孩子怎么年年都缺钙啊？"我听后都会笑道："你补的钙，孩子身体不接受，都被浪费了呗。"

其实骨骼是由磷酸钙和胶原质所组成的，还有少量成分是其他蛋白质或无机盐，如果无磷酸的话，人体就无法将钙质善加利用，但若磷酸量过多，则为处理过剩磷酸，骨中钙质会一起损失，因此体内理想钙磷比为1：2。

钙的来源以奶制品为主，如牛奶或乳制品、乳酪，其他如豆类食品、蒿苣等绿叶蔬菜。维生素D含量高的食物如：鱼肉、奶油、蛋、肝、牛奶等也有利骨质保健。另外摄取充足的维生素C也有利于合成胶原质，维生素C也是骨骼的主要基质成分。

骨骼的强化除了需要钙质之外，还需要一些其他的微量元素，例如叶酸、维生素C、镁、锌等矿物元素。现在大家生活条件好了，对于钙元素的补充，都能够充分意识到，经常在家炖一些排骨汤之类的补充钙质，但对于微量元素往往会忽略，所以广大的家长朋友可以适当地考虑一下，就能起到事半功倍的补钙效果。

广大的家长朋友在饮食上考虑得比较周到，但也要注意孩子的运动量。因为孩子的骨骼发育除了靠营养之外，也需要运动的训练，这个环节不容忽视。有些孩子一天到晚都待在家里，除了看电视、玩电脑，都不出去玩耍，就会造成骨骼细胞长期处于停滞状态，影响骨骼的生长发育，所以家长一定要从自身做起，带动孩子每日进行一些活动，帮助孩子运动。

当孩子从事简单的运动时，身体的受力会传到骨骼上，不断地刺激骨骼细胞，使骨骼细胞进行分裂增殖，这就是经常运动的孩子都要比不运动的孩子长得强壮的原因。

有一些食物会阻碍孩子对钙质的吸收，甚至分解已经吸收的钙质，例如一些碳酸饮料、爆米花等，对人体有害无益。我曾经在出门诊的时候就碰见过这样一位小朋友，他满口的牙齿在专业的放大镜下，看起来就像溶洞一样，疏松的质地清晰可见，通过耐心的询问才知道，这个孩子每天吃饭时都要喝一杯可乐。

家长一定要从小养成孩子良好的饮食习惯，避免孩子出现挑食、厌食的毛病。其实现在广大的家长朋友或多或少都会懂得一些营养知识，所以平时给孩子准备食物的时候也会注意营养的均衡搭配，只要孩子不挑食，不厌食，都能够满足自身的所需。

人体处在各类物质均衡的状态中，才能保持健康，单方面地强化某一方面的功能，势必打破机体的平衡。各种养分的补充比例必须合理，过多钙的摄入会影响锌的吸收，所以不能偏补或过补。下面给广大的家长朋友介绍几种补充钙质的食谱。

❶推荐食谱：苹果香蕉麦糊

适合孩子：5～6个月。

苹果香蕉麦糊制作方法：先将一个香蕉、一个苹果切成直径约3厘米大小的块状，放入孩子的辅食加工器中搅碎，然后用开水冲泡麦片，加入牛奶200毫升，和之前搅碎的果泥充分地搅拌均匀，晾至常温即可食用。

❷推荐食谱：骨汤蔬菜粥

适合孩子：6～9个月。

骨汤蔬菜粥制作方法：先去市场买一些猪大腿上的大棒骨，剁成三节，放入高压锅中炖煮半小时取出骨头，用纱布过滤出不含杂质的骨汤。将菠菜、大白菜、胡萝卜等蔬菜剁碎，放入洗净的大米，加适量的水，熬成浓稠的粥，然后加入骨汤继续小火炖煮，大概半小时，就可以闻见厨房骨香四溢，晾至合适温度即可食用。

6.

让孩子头脑更聪明的食物有哪些

　　每个家长朋友都希望孩子能够聪明伶俐，为了让孩子过人一等，家长们在孩子的饮食上，可谓是煞费苦心，生怕自己的孩子输在起跑线上。但是，有些家长会操之过急，听信一些民间的传言，给孩子吃一些稀奇古怪的东西，号称是偏方补脑，其实有些时候会出现相反的效果。

　　单位曾经组织我们去郊区县义诊的时候，就遇见过一位无知的家长，她是孩子的奶奶，带着孩子来的时候，说她家孙子老是不好好吃饭，天天就吃一点点，现在看起来整个身材瘦小，搞得像被家里人虐待了一样。

　　我详细问了一下情况，现在农村的家庭条件也变好了，不愁吃不愁穿，孩子都是家里的宝贝，当然不会亏待了。这个孩子的父母在城里上班，就周末的时候回家看看孩子，平时都是爷爷奶奶看着。奶奶也没有什么文化，听村里的老年人说吃动物的大脑有助于孩子的智力开发，能够让孩子变得非常聪明。这就是民间"吃啥补啥"的谬论，其实吃大脑对孩子的智力开发一点效果都没有。

开始孩子不愿意吃，奶奶连哄带骗地让孩子隔三岔五地吃了好几次。没想到孩子也没变得多聪明，却不爱吃饭了。我对这位奶奶说："以后别再给孩子吃大脑了。动物的大脑含的胆固醇高，属于肥甘厚味之品，成年人经常吃也接受不了，更何况是孩子。孩子本来消化系统就没有发育完全，对食物味觉的感知正处于探索阶段，天天让他感受这些腥味厚重之品，很容易让孩子出现消化不良，慢慢反而会出现厌食。"各位家长朋友，千万不要让自己的迷信伤害了孩子的健康成长。

所以广大的家长朋友只要做到孩子平时的饮食营养均衡，就能够很好地开发智力。如果非得细数几样能够开发大脑的食物，我在这节内容里就给大家详细介绍一下。

❶ 枸杞子

枸杞子在中医食疗的菜谱里经常被用到。它含有大量的钙、铁等微量元素，富含脑细胞生长增殖的重要原料，又有安神的功效。再加上枸杞子的口感比较鲜嫩，所以孩子一般都比较容易接受。

推荐食谱：枸杞肉饼汤

适合孩子：一岁半以上。

枸杞肉饼汤制作方法：选取干枸杞子15克左右放在清水中浸泡20分钟。选取肥瘦相间，肥瘦比例为3∶7的五花肉，用刀剁碎放入碗中，倒入清水将肉饼完全浸没，然后放入浸泡好的枸杞子，放入蒸锅中，蒸制半小时至肉饼熟透，将汤晾凉再喂孩子。

❷ 花生

我们平时经常吃的花生中含有丰富的不饱和脂肪酸和优质蛋白，它们是脑神经生长和增殖的基本成分。花生还含有卵磷脂、铁及维生素等微量元素，对于增强和改善儿童的记忆力有很好的功效。

推荐食谱：花生杏仁露

适合孩子：10个月以上。

花生杏仁露制作方法：取花生一杯放入清水中浸泡一夜，杏仁味苦，浸泡时间不可太长，做之前浸泡3小时即可。将杏仁去皮洗净，和花生一起放入豆浆机中，倒入足量清水，按下开关即可。15分钟后，过滤花生和杏仁的杂质，剩下的就是精华，晾凉后即可食用。对坚果过敏的宝宝不能吃。

❸ 鱼类

从小到大都听大人们说："要多吃点儿鱼，多吃鱼才聪明啊！"为什么吃鱼能够让孩子变得聪明呢？因为鱼肉内含有丰富的蛋白质、大量的不饱和脂肪酸，还含有丰富的微量元素，适当摄取对儿童的记忆力有增进的作用。

这里指的鱼肉和普通意义上的鱼肉有一定区别，我们平时食用的鱼肉都是人工养殖的居多，人工养殖的鱼类因为用饲料养殖，并且鱼生活的环境非常的狭小，缺少了自然生长的环境，所以对于开发智力的功效也就大打折扣了。如果想给孩子提高智力进行食补，最好不要选用冰冻鱼和养殖鱼，一定要选用在自然环境中生长的野生鱼类，这样效果更佳。

但在孩子食用鱼类的时候，一定要特别注意鱼刺，不要在吃饭的时候和孩子交谈、玩耍，以免鱼刺卡住了喉咙。孩子如果不慎被鱼刺卡住喉咙，一定不要用米饭强行咽下和喝醋的土办法，因为这两种办法对去除卡住的鱼刺完全没有效果。应该尽快带孩子去医院耳鼻喉科就诊，医生有专业的工具，很容易就能将鱼刺取出。

推荐食谱：鲈鱼豆腐汤

适合孩子：1岁半以上。

鲈鱼豆腐汤制作方法：有些家长朋友做的鲈鱼豆腐汤非常的腥，孩子不爱吃。我现在就教给大家如何做健康营养美味的鲈鱼豆腐汤。先将鲈鱼宰剖好，去除内脏、鱼鳃、鱼腥线、肚子内的黑色絮状物，用钩子钩鱼晾干。再将豆腐切块平铺于盘底，往晾干的鱼肚子内放入葱段，塞满鱼肚子为宜，然后将鱼置于豆腐上，放入3片生姜，置入蒸锅中，20分钟左右出锅，即可食用。

 呵护孩子五脏的食物有哪些

　　中医藏象学说里详细记载了人体的五脏——肝、心、脾、肺、肾，孩子的五脏"成而未全，全而未壮"，处于生长发育的阶段，所以五脏的调补对于孩子至关重要。中医的食疗体系对五脏的调补有详细的介绍，在古代就有"以五时、五味、五色对应五脏"的说法，其实对于孩子五脏的调养最好的并不是药物，而是我们日常的饮食。在这节内容中，我将和大家分享一下，我在给自己宝宝准备食材时的一些经验。

　　肝五行属木，在时为春，在味为酸，在色为青。肝喜条达而恶抑郁，春季养肝以平补为主。这一时令以肝为主，肝的生理特性就像春天树木那样生发，调节人体一身气机的条达舒畅。若肝功能受损则导致周身气血运行紊乱，其他脏腑器官受干扰而致病。又因酸味入肝，为肝的本味，在春季肝已经处于亢奋阶段，如果再给孩子喂养更多酸味的食物，很容易造成孩子肝气过旺，急躁易怒。

❶ 推荐食谱：绿豆粉羹

适合孩子：8个月以上。

绿豆粉羹制作方法：在市场上有现成的绿豆粉卖，怕麻烦的家长朋友购买现成的即可，要注意绿豆粉并不是想象当中和绿豆一样是深绿色的，好的绿豆粉是呈淡绿透明状。将绿豆粉切块，放入白开水中温煮5分钟左右即可，舀出放凉，加入适当的蜂蜜调味，最后放几片薄荷叶。吃的时候有一种清凉的味道，感觉整个人通透达明，豁然开朗。

心五行属火，在时为夏，在味为苦，在色为红。夏天天气炎热，心主神明，让孩子很容易出现心浮气躁的症状，想要缓解这些情绪，安然地度过夏天，首先要以养心为主，那么应该如何养心，现在我们就来说说应该如何从饮食方面补心。

❷ 推荐食谱：小番茄米粥

适合孩子：1岁以上。

小番茄粳米粥制作方法：选取红色的小番茄，去除梗蒂，用清水洗净。然后放入开水之中焯一遍之后，放入冷水之中，撕掉外皮，将番茄切成四瓣。将大米淘洗干净，用冷水浸润30分钟左右，放入高压锅中，再加入清水没过大米，将高压锅设置成自动保压10分钟，米烂后，放入之前切好的小番茄，煮3分钟，出锅加入适量的桂花和白糖即可食用。

脾五行属土，在时为长夏，在味为甘，在色为黄。脾居五脏之中，寄旺四时之内，五味藏之而滋长，五神因之而彰著，四肢百骸，赖之而运动也。脾主运化，水谷精微都有赖于脾的运输功能传输全身，所以孩子的营养能不能有效地吸收与脾的功能正常与否有关。中医认为脾胃是后天之本，水谷之源，可见脾对于孩子的生长发育的重要性。五脏之中最好调护的就是脾脏，很多补脾的中药都是食物。

❸ 推荐食谱：术枣炖鸡汤

适合孩子：2岁以上。

术枣炖鸡汤制作方法：这里的鸡肉需要强调一下，绝对不是超市卖的冰冻鸡，一定要选取当地土生土长、非饲料养大的鸡，俗称"土鸡"。这样的鸡肉才有营养，大批量养殖鸡基本都是用饲料催熟的，鸡肉中有可能还有激素等未知添加剂，对孩子起不到应有的营养作用，还有可能适得其反。将鸡肉洗干净，然后放入砂锅中，加入清水没过鸡身，放入白术几片（10克）、大枣10枚，清火炖煮2~3小时即可。

肺五行属金，在时为秋，在味为辛，在色为白。对于孩子肺脏的保养，家长除了要戒烟，去除侵害因素之外，平时就必须多多注意对肺部的保养。秋季，天气渐渐转凉，变得干燥，是肺部特别容易受到侵袭的时候，广大的家长朋友们此时更应该选用一些补肺润燥的食谱，给孩子的肺穿上滋润温暖的"外套"。

❹ 推荐食谱：冰糖雪梨百合汤

适合孩子：1岁以上。

冰糖雪梨百合汤制作方法：选用白糖梨1个，洗干净去皮，切成直径约3厘米的小块，去核，放入清水中。然后买一些干百合放入白开水中浸泡半小时左右，将百合和块状的梨子放在一起炖煮，起锅前3分钟内放入冰糖。炖煮好后，去除煮成糜烂的梨块，留取汤汁和百合，每天晚上临睡之前一小时让孩子服用。

肾五行属水，在时为冬，在味为咸，在色为黑。中医认为，肾主先天，脾主后天，后天可以充养先天，所以对于小儿，一般不需要特意地补肾，通过补脾即可达到补肾的目的。对于那些先天不足，而后天由于喂养或者疾病因素导致肾虚的小儿，这里介绍一道补肾的食谱。

❺推荐食谱：枸杞山药粥

适合孩子：1岁以上。

枸杞山药粥制作方法：非常的简单，将大米淘洗干净，用冷水浸润30分钟左右，放入锅中，再加入清水没过大米，熬制成米糊状，自己可以通过控制加水量来控制米糊的稀稠。然后选取宁夏枸杞子，将山药切成直径约3厘米的小块，放入米糊中继续小火慢煮20分钟左右，出锅加入适量的白糖即可食用。

帮助孩子养成吃饭的好习惯

  我确信广大的家长朋友都知道，帮助孩子养成吃饭的好习惯不但可以使家长非常的轻松，还可以使孩子受益终身。但是现在经常可以碰见有些孩子的家长和我抱怨，说孩子从来就不好好吃饭，吃一顿都要在孩子屁股后边追着，或者得边玩玩具、看电视边喂饭，甚至吃饭还要讲条件。每次喂饭都是一次磨难。

  其实家长朋友在吐槽孩子的同时，有没有从自身上面找原因，大部分孩子饮食习惯的养成都是和家长朋友密切相关的。仔细回忆一下，我们在平时吃饭的时候，是否也是安安静静，专心致志地吃呢，答案对于大多数家长朋友都是否定的。因为我们经常边吃东西边玩手机，或者边吃东西边看电视。

  孩子很多习惯都是在学习家长的行为，大多数都是家长自己养成的。举个简单的例子，孩子的食欲有些时候并不是很旺盛，在某顿晚饭的时候会吃得少一些，这是正常的现象。有些家长就紧张得不得了，生怕孩子饿坏了，晚上不停地给孩子零食吃，各种甜食、饮料、酸奶等。这些零食相对于米饭来说，当然口感

71

更好一些，基本上都是孩子的最爱。所以有些孩子最后连正餐都不吃了，养成光吃零食的坏毛病。

除了以身作则之外，我们的很多做法，都会无形之中影响孩子的饮食习惯。而这些做法，是很多家长没有意识到的。所以解铃还须系铃人，对于孩子不良的饮食习惯还需要家长朋友们自己慢慢地努力纠正，在临床上并没有什么特效的药物。

我家孩子也有一段时间犯过吃饭老大难的问题，我平时工作忙，没时间照顾孩子。所以就把孩子放到姥姥家，让老人帮忙看着。老人看着外孙高兴啊，对孩子那是百依百顺。

第一周因为周末要值班，所以没去看孩子，到了第二周，我和丈夫两个满心高兴地去看孩子。中午吃饭的时候，就发现喂孩子吃饭那个难啊！姥姥一个人拿着碗，跟在孩子的屁股后面满屋子跑。

孩子一会儿吃一口饭，含在嘴里，半天都不咽下去，然后跑到卧室里去看动画片了，一会儿又拽着姥爷，和姥爷腻歪几下，一会儿又去客厅摆弄他的那些玩具，喂一口饭整出好多的故事。

我当时就想教育一下孩子，二老心疼，在旁边连忙护着，说："孩子还小，不懂事，你们一周最多来一回，都是我们两老看着，又不用你们操心。"我一看这怎么行，由着孩子胡来，喂一顿饭，恨不得要两三个小时，从中午11点半开饭，喂到下午1点都没结束，饭菜全都凉了。

孩子本来在家吃饭的时候，都非常的乖巧，安安静静地坐在椅子上，自己还会用小勺子吃。现在怎么变成这样子了，就是因为老人对孩子的娇纵，孩子才养成了这种不好的习惯。

我思前想后，觉得让孩子这样发展下去肯定不行，不但对孩子的身体不好，对老人也是一种负担。所以我就和丈夫商量，决定两个人累一些，每天都回姥姥、姥爷家看孩子，并且晚上那顿饭由我们俩来看着吃，一定要把孩子养成的坏毛病给纠正过来。

第一天回去吃饭的时候，孩子挺聪明的，会看大人脸色，端个小凳子坐在我旁边，开始还想撒撒娇，奶声奶气地对我说："妈妈，咱们去里面吃吧，边看电视边吃。"被我严厉地拒绝了："就在这里好好吃，吃完了再去看，你看谁家孩子边吃饭边看电视的。"

孩子委屈地点点头，其实当时我也是故意装出一副不容商量的样子，但是为了孩子的健康，我还是继续保持了严肃的态度，就这样看着孩子一口一口地用小勺子自己吃完一小碗饭。在这里多说一句，给孩子喂饭的时候可以夹一些蔬菜和肉类，别一味地让孩子吃某一种食物。孩子偶尔出现挑食的现象，家长朋友也别慌张，因为这是正常现象，可以将某些孩子不爱吃的食物剁碎了，夹杂在肉饼等孩子爱吃的食物里一同喂下，既能解决孩子偏食的毛病，也能均衡孩子的营养状况。

通过我和丈夫辛苦的努力，一周后，姥姥、姥爷偷偷地告诉我，现在孩子在家吃饭可乖了，不像之前需要追着喂饭了，就是辛苦我们俩，每天来回跑。我说："都是为了孩子，再辛苦也值得，还是爸妈你俩辛苦，这么大岁数了，本该享享清福，可还在帮我照看孩子。"

当然，除了培养孩子良好的进餐习惯外，对于一些确实存在厌食问题的孩子，提醒家长要鼓励孩子进餐，创造愉快的进餐氛围，切忌家长在饭桌上唠叨指责孩子，影响孩子的进餐情绪。

9.

这些没营养又损害健康的食物要少吃

　　并不是所有的食物对孩子都是有益健康的，现在社会发展日新月异，食物的种类也千变万化，出现了很多新奇的品种，例如冰激凌、果冻、薯片等。但是有些食品对于孩子的健康有很大的危害，完全是在口感和形状上吸引孩子购买，从而获得巨大的利益。广大的家长朋友需要进行仔细鉴别，以免孩子的健康成长受到影响。

　　我是不主张孩子过多地食用零食，因为大多数零食从口感上比普通的食材要好，再加上商家用一些华丽的包装，很容易吸引孩子，孩子的食量就这么大，吃了零食，饭量肯定就减少了。并且零食的食用时间不固定，很容易养成孩子不规律的饮食习惯，造成孩子偏食、厌食，也不利于孩子健康成长。

　　在临床上很容易碰见家长带着食欲不佳的孩子前来就诊，有一个孩子给我留下深刻的印象。奶奶带着一个七八岁的小男孩，那个小男孩已经读小学了，但是头发稀疏、枯黄，面色也显得蜡黄蜡黄的，还有一些白色的斑点。

奶奶一脸焦急地说："崔医生，快给我孙子治治吧，小孩整天的不吃饭，上课注意力也不集中。你看，都瘦成啥样了。"我看了一下小男孩的体格，其实并不是很瘦小，可能奶奶心情比较焦躁，所以感觉上有所偏差。不过肤色确实是不健康的。

我又询问了小男孩之前的情况，奶奶说上学之前没有出现这样的问题，就是上学后，晚上回来就不怎么吃饭了。通过耐心细致的问诊才知道，小男孩每次放学和奶奶回家都会经过一家炸鸡店，香味儿四溢啊，很多放学的小孩都围着在买炸鸡吃。小男孩看着也嘴馋啊，赖着奶奶要买，奶奶拗不过孙子，也是出于对孙子的心疼，每天回家路过都会给孙子买两个炸鸡翅吃。

这种油炸食品最好让孩子少吃，因为大多数油炸食品都含有大量的饱和脂肪酸、膨松剂和丙烯酰胺，又很油腻，虽然当时吃的时候加了一些调味剂，显得很好吃，但是吃完之后很影响正常的食欲，造成孩子正常饮食的减少。

再加上现在炸鸡的原料都是采用养殖鸡，大多数养殖鸡都是通过饲料催熟，有可能含有激素，影响人体正常的发育。偶尔吃一两次，孩子机体能够将一些有害物质排出体外，长期食用很容易造成孩子早熟。在临床上经常可以看见一些乳房发育过早的女孩来看病，大多数都是过量地食用饮料、油炸食品和营养品导致的。

我找到原因之后，给老奶奶交代，今后再也不要带孩子吃油炸的鸡翅了，孩子实在馋的慌，可以在家给孩子做一些卤鸡翅等，为了孩子的健康不能太溺爱孩子，有些时候就得狠心一些拒绝孩子，适当扮"恶"。奶奶听了很是内疚："是的，都怪我，好心办坏事，孩子现在变得这样干巴瘦的。"

我尽力宽慰奶奶，让她不必过分地自责，孩子现在问题不大，只是食欲受到一些影响而出现的问题，通过调整饮食结构，很容易就能重新恢复健康。我根据孩子的体质，结合孩子的症状，给小男孩开了几剂中药颗粒回去，并嘱咐奶奶，平时不用服用，只有在孩子食欲不好感觉到腹胀的时候吃一两天。奶奶带着孙子满意地回去了。

过了两周左右，奶奶带着孙子来找我这里复诊，满脸的笑容，一进门就喊我："崔医生，自从上次找你给我大孙子看过病之后，我不让他再吃外面那些不健康的食品，孩子食欲立马就变好了，晚饭吃得可好啦。"我连忙站起来扶奶奶坐下，然后说："并不是所有的食物对孩子都是有益的，这些没营养又损害健康的食物要少吃。"奶奶听后，赞同地点了点头。

10.

保持平衡：别让营养过剩毁了孩子的健康

前面讲了很多营养对于孩子健康成长的好处，广大的读者朋友千万不要陷入一个误区——拼命地给孩子补充营养，其实营养的补充也是有度的，过分的补充会导致孩子肥胖，也会造成孩子的不健康成长。特别是现在生活条件好了，在幼儿园里，肥胖儿的现象越来越普遍，有些孩子年纪幼小，感觉却都和小大人一样，胖墩墩的。有些家长朋友还不以为然，夸孩子胖胖的可爱极了，长大以后就会瘦下来的，现在是发育长身体的时候，胖一些无所谓。这是认识误区。

每次出门诊的时候，碰见这些存在认识误区的家长，我都会尽可能地纠正这种错误认识。一个健康成长的孩子是不容易发胖的，因为孩子的生长发育需要消耗大量的能量，并且孩子平时活动的机会也很多，如果出现发胖，肯定是有问题的。人到了中年之后，发福的概率多一些也是这个原因。

孩子营养过剩出现发胖，主要的责任在家长朋友们，孩子还小，不懂事，对于事物的控制能力不强，家长朋友们就得注意了，每日给孩子准备饮食，要注意营养的均衡，以免出现营养过剩而导致孩子的肥胖。

我曾经去给某幼儿园的孩子和家长做健康演讲，头一天晚上我准备了儿童发热的处理办法这样的话题，打算给孩子和家长朋友们上一堂课。可是到了现场就控制不住了，因为这次去演讲的班级是大班，又是机关单位的幼儿园，家家生活条件都很好，坐在下面的孩子一个个都显得非常的胖，再看有些家长也很胖。

我在上面讲，看见下面一群"大胖"和"小胖"托着下巴在听，终于忍不住了。我停顿了一下，定了定神，把电脑一关，然后对孩子和家长说："实在抱歉啊，本来准备了给大家普及下孩子发热的知识，但是看见班里的孩子们的体型。我觉得应该讲解一下大家容易忽略的问题——小儿肥胖，想必大家肯定对这个话题更感兴趣吧。"

我刚讲完这番话，下面就有家长焦急地迎合道："是的，我家宝宝年纪这么小，体重却这么大，一个快抵人家两个孩子了，还是个女孩，将来长大了都不好找对象了。"这位家长说完后，哄堂大笑。

我笑着看了看这位家长的孩子，典型的向心性肥胖，整个脸胖嘟嘟的，四肢也非常的粗壮。我让大家不要着急，慢慢地从肥胖的原因、发展、治疗等方面，耐心细致地给家长们和孩子们做了健康普及。

爱美之心人皆有之，女性为最。很多女孩的家长整天嘴里喊着要给宝宝控制体重，但是却从来不控制孩子的饮食，顿顿给孩子吃大鱼大肉，肥甘厚腻。一顿两顿孩子很难显现出来，日积月累，孩子的体重也随之增加，体型越发的肥胖。这能怪孩子吗？不能，完全是家长弄错了补充营养的概念，补充营养是让家长补充均衡的营养物质，而不是一味地填充孩子机体消化不了的营养。另外认为孩子食欲好，不加控制地任由孩子吃，摄入的热量远远超出了身体所需。

其实最好的减肥方法，不是吃药，也不是那些美容广告里说得很玄乎的瘦身疗法。最主要的是要控制饮食，讲究营养平衡，再加上加强锻炼消耗。孩子身体减少一些不需要的营养摄入，再加上消耗很多的能量，当机体能量缺少时，就会进一步地分解储存的能量——脂肪，来维持正常的代谢，自然而然体重就减轻了。这个道理其实广大的家长朋友们都懂，但是没有多少人能够坚持。讲座完毕之后，整个课堂的家长朋友和孩子都起立给我鼓起了掌。

讲座完毕，中午在幼儿园的食堂和幼儿园的老师一起吃饭，看见孩子们的伙食，我看出了问题，和老师们打趣道："你们机关幼儿园，条件就是好。这中午伙食太好了，大鱼、大肉、大虾一样都不少，怪不得孩子被你们养得白白胖胖的。其实可以多增加一些水果和蔬菜的种类，这样吃了孩子也不容易发胖。"老师们听了都不太好意思地说："这次听了崔医生的讲座，受益匪浅，我们一定改善，从孩子营养均衡角度调整食堂的菜谱，让每个孩子都能够健康快乐地成长。"

第三章

感冒发热，
孩子最熟悉的"陌生人"

普普通通的感冒，其实分很多类型

感冒是孩子常见的疾病之一，西医认为是细菌或者病毒引起的急性上呼吸道感染。中医认为是肺系疾病，肺为娇脏，其为人体华盖，故肺部极易受到外邪的侵袭而出现症状。

平时广大家长朋友所知道的感冒一般都是普通感冒，就是孩子感受风寒或风热后等导致的肺系疾病，常见恶寒发热、鼻塞头痛、流鼻涕、咳嗽、打喷嚏等症状。但是广大的读者朋友还需要注意一种较重的感冒，它在中医里被称作"时行感冒"，也就是我们熟知的流感。感冒是病毒所致，病情较重，具有很强的传染性，有流行的特征，往往一个孩子得了之后，整个班的孩子都有可能生同样的疾病，广大的家长朋友要注意防范。

孩子一般得了感冒之后，只要没出现发热等特别严重的症状，家长朋友一般都会选择先给孩子治疗一番，实在不行才会送孩子来医院就诊。因为现在在大城

82

市看一次病太麻烦了，去过医院的人都知道，各大医院的儿科都是人满为患，尤其季节交替的时候。

我在临床上这么久，发现广大的家长朋友对于孩子每次感冒的治疗，基本都是一样的，统统的都是用小儿感冒清热颗粒，很少想着辨证，也不会辨证，有些时候碰巧了，能够把孩子疾病治好了，有些时候却一点疗效都没有。在这节内容里，我就给广大的读者朋友们详细介绍一下感冒的辨证分型，使家长朋友们在家就能够成为孩子的家庭医生，及时地解决孩子的病痛。

❶ 风寒感冒

风寒感冒是由于风寒侵袭，肺卫失宣，肌肤腠理为寒邪所束，体内经气不得宣畅而致病。在临床主要表现为恶寒重、发热轻，鼻流清涕，咳嗽，咯清白稀痰，无汗，头痛，喷嚏，喉痒，舌偏淡，苔薄白，脉浮紧。关键是嗓子不红，没有咽痛症状。临床上治疗主要以辛温解表为主。

❷ 风热感冒

风热感冒是由于感受风热或寒从热化，肺卫失和而致病。在临床上主要表现为发热重、恶寒轻，鼻流脓涕，咳嗽，咯黄黏痰，咽红或肿，口干而渴，有汗，头痛，喷嚏，舌质红，苔薄白或黄，脉浮数。临床上治疗主要以辛凉解表为主。

❸ 暑邪感冒

暑邪感冒一般容易在炎热的夏季发作，是由于暑邪夹湿，束表困脾。在北方冬季也时常会碰见，因为现在生活条件好了，冬天家中的暖气烧得太热，人为地营造出夏季的生活环境，所以在临床上要加以鉴别，不能一概以季节来判断。在临床上主要表现为发热无汗，咳嗽不剧，食欲不振，腹部胀满，或有呕吐泄泻，头痛鼻塞，身重困倦，舌质红，苔黄腻，脉数。该型感冒的特点主要是伴有胃肠症状，舌苔很腻，即使出汗，还是发热，中医称为散热不畅。临床上治疗主要以清暑解表为主。

❹ 时行感冒

时行感冒就是小儿常见的传染病——流感，一般出现的时候孩子全身症状较重，高热，精神不振，严重时容易出现高热惊厥，目赤咽红，肌肉酸痛，或伴有恶心呕吐，舌红苔黄，脉数。发现此类症状时，一定要及时地将孩子送往医院治疗，千万别在家里自行医治而耽误了病情，上学的孩子家长一定要向老师汇报，以免传染给别的孩子。患病后一定要让孩子在家休息，利于康复。

行医这么多年，总有一些家长朋友让你印象深刻，因为他们总干一些让人啼笑皆非的事情。前段时间，我收治了一位七八岁的小男孩，这位小男孩是我的老病号了，经常到我这里就诊。她妈妈是一位高管，每次来的时候穿得很正式，高跟鞋踩在诊室里"咯噔咯噔"地响。

她牵着孩子一进诊室就焦急地说着方言："崔医生，你赶紧给我孩子看看吧，又感冒发热了，吃了点儿上回开的剩下的药，叫清开灵口服液，咋不管用啊。"当时就是夏季，天气炎热，我看了看孩子，问孩子生病前两天的饮食，原来孩子也贪凉，吃了几个冰激凌。

通过中医望、闻、问、切的四诊合参，我当时就很确定孩子得的是暑湿感冒。我笑着对这位妈妈说："这两天是不是有些拉肚子啊，孩子还觉得有些恶心。"妈妈惊讶地点了点头。我拍了拍小孩的脑袋，对他妈妈继续说："感冒也分很多种的，并不是什么感冒都吃一种药就管事的，这叫作暑湿感冒，和之前得的不一样，当然原来的药物就不管用啦。"

这位妈妈听完恍然大悟，不好意思地连声说："是，是，是……"我除了给孩子开了一些清暑解表化湿的药物之外，还告诉她孩子的饮食注意事项。

过了两天，这位母亲带着孩子回来复诊，一进门就夸我是神医，说孩子的病第二天就好转了，现在和没生病前一样，上蹿下跳的。我说："辨对证，用对药了，疾病当然好得快啦。"然后我又给她孩子做了一个化验，结果出来已经没什么事了，母亲带着孩子开心地回去了。

2.

发热未必都是坏事

在家长朋友的脑海里有个很深刻的印象，那就是发热对于孩子来说，都是不好的，有些时候看见孩子发热，躺在床上的痛苦表情，家长朋友们都会心碎不已。所以孩子发热的时候会非常的担心，四处寻求各种退热的办法治疗。其实在前边的文章里我也提到过即使孩子出现了发热的症状，在某些时候并不是一件坏事，它是机体的正常反应。

中医在治疗的时候认为有一些"排病反应"，是身体自我恢复的一种体现，本节内容要介绍的发热就是其中的一种类型。中医将侵犯人体的称为"邪气"，将护卫人体健康的称为"正气"。当人体正气充足，和邪气奋力抗争的时候，就会在机体有所表现，特别是在孩子身上，出现高热的症状，在血常规化验报告单中有时就表现为白细胞计数急剧升高。

所以广大的家长朋友们遇到孩子出现高热的情况不必过于担心，一去医院就想着赶紧把孩子的体温给降下来，因为这是机体的正常反应，是疾病发展的必然阶段。

"发热在每个孩子的成长过程中，其实都是必须经历的体验，也是每个家长必须面对的考验。"我经常向来我这里问诊的家长朋友们解释，发热对于孩子来讲并不全是坏事。它是机体对邪气侵袭的有效对抗反应，是对孩子身体做出的一种自我保护反应。

家长朋友们如果在家遇到孩子出现发热的情况，不必过于紧张，因为发热是孩子生病时容易出现的机体反应。但是也应当引起足够的重视，家长朋友们要密切观察孩子病情的轻重和转归，如果孩子发热的同时出现精神萎靡、神志不清，或者出现持续高热及反复发热，出现无法进食或有脱水表现，有惊厥或以前有过惊厥史的，要及时去医院进行专业的诊治。

孩子生病的时候，刚开始有些发热，但是整体情况较好，例如精神状态良好，活动不受影响，即使小孩的体温达到38℃左右，家长朋友们也不用过于紧张，可以在家对症做一些降温的处理，一般都能使孩子体温下降，例如给孩子洗一个温水澡，或用温毛巾擦拭全身，退热贴贴于患儿的额头或颈部的大血管附近等。

虽说当孩子出现发热的症状的时候，总是非常的难受，家长朋友们看着孩子这么痛苦，也非常的着急。但是对于孩子来说，发热并不全是坏事，只要控制在一定的范围内，孩子发热还可能带来一些好处。首先发热能够增强孩子的抵抗力，发热时，孩子体内的免疫细胞和免疫因子的活性提高了，尤其体温在37.5～38.5℃时，机体免疫细胞活动最为活跃，在某种程度上增强了孩子身体的免疫力。

其次发热能够抑制部分的病原体，大多数感染人的病原体适宜的存活温度是37℃左右，而当孩子受感染后身体产生一系列反应，体温升高可破坏病原体适宜的温度，在一定程度上有助于抑制部分病原体。

最后发热还可以改善血液循环，发热时孩子血液循环加速，可以为感染灶提供更多的血液，而血液中所含的免疫细胞和免疫因子可以直接到局部吞噬和抑制病原体，对清除感染有一定的帮助。

我在出门诊的时候，经常遇到一些家长朋友们会问："体温这么高，孩子会不会被烧坏，这样烧下去会不会出现什么意外，会不会影响孩子的学习……"随之想给孩子采取一系列"降温行动"，吃退热药，要求医生马上给孩子输液、用抗生素，想尽一切办法务必让孩子的体温降下来。

每次我都会和家长朋友们说："给孩子退热不宜过急。孩子刚开始发热，精神状态良好，活动不受影响时，不要急于马上把体温下降至正常，这时候，只要多注意补充水分和休息，物理降温，往往体温会自己下降到正常。"

在家里广大的家长朋友们应该如何判断孩子的体温是否正常？有些家长朋友单凭用手摸是非常不准确的，我一直建议最好在家配备一个体温计，以方便随时可以监测孩子的体温。现在有了电子体温计，就更为方便了。判断孩子发热的标准分腋下温度和肛温，一般来讲，肛温会比腋温高0.5℃，当肛温超过38℃，腋温超过37.2℃时才能说孩子发热了。

总之，发热简单也不简单，应该重视但也不必惊慌。说简单是因为大部分孩子发热都是一般的上呼吸道感染，是病毒感染引起的，有一定的自限性。说不简单是因为许多疾病，包括传染病早期，初期也发热，它只是疾病来袭的前驱症状。另外上呼吸道感染也可以引发下呼吸道感染，比如肺炎。不加以区别，很容易延误病情。另外，有的发热是免疫系统疾病，有的还会引起迟发性的身体变态反应性损害，家长要留心观察孩子体温变化，就诊时告知接诊医生以辅助诊断。所以对于发热既不要过分担心，但也不能不重视，发热不退还是要到医院就诊。

　　每次我和家长解释完，家长都会多少明白一些发热背后的含义，其实小孩子在婴幼儿时期偶尔发热，是身体免疫力的提升，所以大家不必恐慌，学会正确区分发热的原因，做到冷静对待，让孩子避免不必要的药物摄入，同时也能及时发现很多病情隐患，我想这样做才是一名合格的家长。

3.

治疗孩子风寒感冒的食疗法

随着天气逐渐的转凉，越来越多的孩子得了风寒感冒，出门诊的时候可以遇到孩子的家长扎堆带着孩子来看病，有些孩子还是同班同学，在门口排队看病还互相打招呼。

孩子生病就是这么具有季节性，秋冬交际，因为此时温度变化频繁，家长朋友们对于孩子的穿着不好把握，孩子还小也不懂得照顾自己，所以就很容易遭受风寒而感冒。

孩子得了风寒感冒，看着孩子这么遭罪，家长朋友们都心疼得不得了，在临床经常可以遇见前来问诊的家长："崔医生，孩子一到这个季节就老生病，有没有什么我们家长能做的，能对风寒感冒起到预防的作用。"

我总是耐心地给家长朋友们解释："这个时期，孩子容易生病，就要靠家长细致的看护了。"前面的章节我们讲过，大家都知道风寒感冒的治疗方法是辛温解表，那我们平时就可以准备一些辛温解表的药膳，给孩子喂食，这样对于风寒感冒就有一定的预防保健作用了。向大家推荐几种常用的预防风寒感冒的食谱。

❶ 推荐食谱：生姜红糖茶

适合孩子：6个月以上。

生姜红糖茶制作方法：生姜本身就是非常好的辛温解表的药物，再加上红糖的温和养胃的作用，对于风寒感冒有很好的疗效。生姜2片，加红糖2小勺，再加1杯清水，一同放入锅中熬制，将水煮沸，红糖完全融化即可。将红糖水取出，去除姜片，喂孩子服用，每日1次，每次1小杯即可，最好温服，疗效更佳。

❷ 推荐食谱：葱白粥

适合孩子：1岁半以上。

葱白粥制作方法：切2片生姜，用钢勺将生姜捣烂，准备两根葱白，切成3段备用，准备1勺糯米洗干净之后，放入锅中熬粥，等到粥熬好之后加入捣烂的生姜、切好的葱白，搅拌均匀之后，加入适量的白醋，再大火熬制10分钟左右，使白醋挥发殆尽，降低酸的口味，就可以让孩子服用了。

葱白粥能够很好地驱散风寒，还能够促进患风寒感冒的小孩快速恢复健康，远离疾病。身体健康的小孩食用之后还能够增强身体抵抗力。

❸ 推荐食谱：香菜葱白鲫鱼汤

适合孩子：2岁以上。

香菜葱白鲫鱼汤制作方法：选取500克左右的鲫鱼，去鳞、去腮、去内脏，一定要将鱼腥线和鱼肚子内的黑皮去干净，因为这两样为发物之品，然后洗净放入盘中，将葱白清洗干净卷成一团，塞入鱼肚子中，再放2片生姜，加入清水没过鲫鱼，放入蒸锅中蒸煮25分钟，当鱼眼睛凸出时，加入切段的少许香菜，继续焖制2分钟即可端出食用。鲫鱼的鱼刺较多，所以给孩子食用的时候，可以只喝汤，鱼肉本身并不是这道菜的主角。

这3种食疗的方法，家长朋友们在家可以尝试一下，对于风寒感冒有很好的预防作用。我家孩子在3岁的时候，就经常会出现风寒感冒的情况，每次都把家里折腾够呛，害姥姥、姥爷老是责怪我，说我整天就知道忙事业，家里的孩子也不照顾一下，作为一名儿科医生，自己家里的孩子还老生病，说出去都怕被人家笑话。

我那时候参加工作不久，临床经验还不够丰富，在学校里学习的都是些书本上的专业知识，很少操练。所以我就请教了我们科年纪比较大的护士长，他家的孩子很结实。护士长就向我推荐了以上3种食疗保健方法，笑着对我说："小崔啊，其实很多食疗方法对于孩子们也是非常有效的，你当了妈妈之后，慢慢就会积累很多这方面的知识的！"

我不好意思地笑了笑，回家之后就给孩子准备了生姜红糖茶，每天早上让孩子服用一杯，然后每周末都回家给孩子准备一些祛除风寒的菜肴，因为我家的孩子平时体质属于虚弱的一类，所以我也兼顾补充营养，例如香菜葱白鲫鱼汤是个很好的选择。因为香菜葱白鲫鱼汤不但有祛散风寒的作用，同时还有一定的滋补扶正作用。

通过我耐心细致地照顾，到了第二年秋冬交际的时候，孩子的姥姥、姥爷有一次突然问我："有没有发现宝宝今年生病的次数少了，往年这时候全家人都紧张得不行，今年都没有太大的感觉。"不说我还没有觉得，听他们一说，我才发现孩子今年身体就比以往好多了，说明我用的食疗方法还挺有效，之后我就将这几个食谱向来我这里就诊的家长朋友们推荐，希望能够让更多的孩子和家长朋友们免受疾病的困扰。

4.

中医大椎穴有奇效，能帮孩子赶走寒气

有些家长带孩子的时候，经常会听见孩子肚子老是咕噜噜地乱叫，孩子还老说肚子疼，经常去厕所拉大便，但是又拉不出什么。这就是临床上所说的便意明显，但是又没有大便，是由于胃肠蠕动过快引起的症状。

孩子出现这种情况，我一般会教育家长一顿，因为我知道这是孩子寒凝肠胃导致的症状。孩子为稚阴稚阳之体，感寒后出现这种症状，这和家长的溺爱和护理不当是分不开的。现在家长对孩子都是百依百顺，孩子想吃啥就买啥，也不考虑孩子的承受能力。

我是比较反对让孩子天天喝冷饮、吃冰激凌的，就算是炎热的大夏天我也会限制自己的孩子吃，因为我知道孩子消化系统尚未发育完全，都比较的娇弱，稍微有点外界刺激就会引发腹痛、泄泻等不良的反应。

孩子出现腹痛肠鸣，有些家长还不以为然，认为是孩子肚子饿了，还给孩子吃东西，又加重了病情。其实是寒气由口入里，胃肠受寒邪刺激，所以胃肠蠕动

加快，中医讲寒凝经脉，损伤脾胃，所以出现腹痛肠鸣的症状。因为孩子脾胃受寒，腹痛不适，不愿吃药，可以采用推拿按摩的方法祛除寒邪。

中医里有个穴位对于小儿寒气的祛除有良好的疗效，它有个奇特的名字叫作大椎穴。大椎穴属于督脉的腧穴，位于人体颈背部，中医里有"腹为阴，背为阳"之说，再加上手足三阳的阳热之气由此汇入本穴并与督脉的阳气上行头颈，穴内的阳气充足满盛如椎般坚实。所以按摩大椎穴可以调动人体阳气，调和阴阳，对于祛除寒邪有很好的疗效。

取穴时让孩子正坐尽量低头，该穴位于孩子颈部下端，第七颈椎棘突下凹陷处。若突起骨不太明显，可以让小朋友活动颈部，不动的骨节为第一胸椎，约与肩平齐。

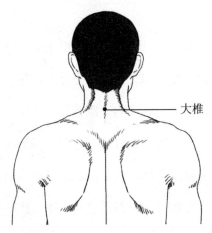

大椎

去年有一位5岁多的小男孩，他的父母因为工作太忙，没有太多的时间照顾他。没有了家长的精心呵护，孩子又不会照顾自己，缺乏约束后，经常自己在冰箱里找冷饮和冰激凌吃。所以经常出现腹痛，但很快会缓解，老师刚开始没在意，后面次数多了，食欲也不好，建议家长带孩子到医院看病。

这个孩子来就诊的时候，我就听见孩子肚子咕噜噜地叫，很明显的肠鸣音亢奋，其实这个孩子的腹痛并不是很严重，但是因为没有进行规律的治疗，让病情总是起伏反复。所以寒气也就日积月累，在孩子体内淤积。

我让护士取了艾条点燃，在距大椎穴1.5～3厘米的上方，在皮肤上做顺时针转动。通过局部火和温热的刺激，使毛细血管扩张，促进血气在经脉中运行流动，调和气血，疏通经络，使药力深透皮肤腠理，直达病所。

艾灸了15分钟左右，最后用拔罐的方法在大椎穴处留置一罐，然后我让小男孩静静地俯卧在诊疗床上休息。15分钟后起罐，可以明显看见大椎穴的位置有一层薄薄的水汽，这就是寒邪随汗而出的表现。

之后，我让孩子母亲每周带小男孩来就诊两次，坚持了1个月，孩子的家长给我送来了锦旗，夸我医术高明，说没吃药、没打针，就把她孩子的病给治好了。我让她回去之后，在孩子睡前用手揉揉孩子的肚子，这样有助于健运脾胃。

5.

小鼻涕止不住，试试按摩迎香穴

我去幼儿园接孩子的时候，经常会看到有些小朋友鼻子老是"吸溜吸溜"地吸鼻涕。家长朋友们遇见这种情况，都烦恼不已。其实孩子鼻涕流不止，大部分是由于感冒迁延不愈形成的鼻炎。

我在临床中也经常会碰见这类的患者小朋友，中医中有个穴位能缓解鼻塞，开通鼻窍，对鼻炎有很大的改善作用，我经常向到我这里问诊的父母们推荐，它有个好听的名字，叫"迎香穴"。

当年我在上大学时，教针灸的老师为了方便我们记忆，特意用中医医理，形象地解释了一番这名字的由来。所谓"迎"，即"迎受"。"香"，即脾胃五谷之气。中医里，大肠经与胃经同为阳明经，而迎香穴位于胃经的低位，接受胃经供给的气血，故此得名。

迎香穴属手阳明大肠经腧穴，手、足阳明经的交会穴。再加上肺与大肠相表里，肺开窍于鼻。因此，按摩迎香穴能宣肺解表，疏散风邪，通利鼻窍，对于小儿流鼻涕的症状有一定的疗效。

前段时间我就收治了一个整天流鼻涕的小女孩，她已经5岁多了。家长带孩子来的时候，孩子脸上还有指甲的抓痕。我一询问，才知道小女孩流鼻涕已经给她生活造成了很大的困扰。因为她平时老是流鼻涕，班里的其他小朋友都嫌弃她，不和她在一起玩耍，还给她取了一个很不雅观的绰号——鼻涕虫。昨天就是因为有个小孩子叫她"鼻涕虫"，她就和人家打了一架，脸都被抓破了。说到这里，孩子的家长又心疼又惭愧。

她的父母因为工作太忙，把她整托给了幼儿园。没有了家长的精心呵护，一旦老师疏忽，难免有疏漏的时候。而幼儿园的休息环境又不比家里的舒适、卫生，这让孩子鼻炎经常发作，反反复复总是不好，所以孩子老是流鼻涕。

其实这个孩子流鼻涕的症状并不是很严重，因为她流的是清稀的鼻涕，不是大黄脓鼻涕，但是总得不到规律的治疗，让病情总是起伏反复。鉴于这种情况，我建议在药物治疗的同时，可以教会孩子自己按压迎香穴，这个方法简单有效，小朋友自己也可以操作，而且不受时间的限制，没事的时候就可以按一按。即使不是鼻炎的发作期，作为日常保健，也可以起到预防感冒的作用，增强对病邪的抵抗能力。

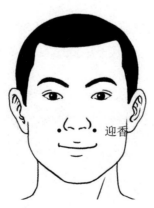

　　我为家长示范了如何取穴，让孩子面对自己坐好，眼睛正视前方，在她鼻翼外缘的中点鼻唇沟上，找到两个迎香穴。

　　我先沿着孩子的鼻唇沟来回擦动，促进局部的血液循环，然后用拇指指腹垂直用力按压迎香穴。这里有个小窍门，按压时要指腹轻轻晃动，逐渐加大力量，直到感觉到明显的酸、麻、胀，坚持10秒钟后松开手，休息3～5秒，继续按揉。如此反复操作，并让孩子配合，在向外、向上揉搓时，用鼻吸气；向里、向下揉搓时，用口呼气，连做8次，每日2～3次。

　　说来也神奇，这个孩子过了两周之后来复诊，家长就高兴得不得了，说我教的方法真好用，他家闺女流鼻涕的症状日益减轻。我笑道："小孩子脏器清灵，恢复得比较快，继续让孩子坚持，家长平时在家里也可以帮孩子按摩。"几个月后的一天，我收到家长发来的信息，说孩子每天坚持穴位按摩，流鼻涕的症状基本上没有了，现在也和幼儿园的小伙伴们相处得很融洽。

6.

治疗风热感冒重在辛凉解表

　　前面的章节介绍了小儿感冒的症型分类，风热感冒是其中比较常见的类型，在这节内容里我将向广大的读者朋友们详细地介绍风热感冒的治疗方法。

　　我在出门诊的时候，很多家长朋友们都会来咨询："崔医生，什么是风热感冒，什么是风寒感冒，孩子上回得的感冒是风寒，怎么这回又变成风热了，两者怎么区分啊？我在家需要注意一些什么？"家长朋友们总是将问题一股脑地交给我解答，其实不是中医学专业的医生都很难分清楚，更何况是有些没有任何医学常识的家长朋友。

　　我首先给大家介绍一下风寒感冒和风热感冒的区分，风热感冒一般以热为主，所以在临床表现上会出现发热重、恶寒轻，常伴有嗓子疼。孩子一般会说："妈妈，我热。"这是最典型的临床症状。而风寒感冒则恰恰相反，以恶寒重、发热轻为主，孩子会觉得身体很冷，大热天的孩子裹得严严实实也没用。

　　再加上风热感冒是由于风热外袭，肺卫不利。《诸病源候论·风热候》对此就有记载："风热病者，风热之气，先从皮毛入于肺也。肺为五脏上盖，候身之皮毛，若肤腠虚，则风热之气，先伤皮毛，乃入肺也。其状使人恶风寒战，目欲脱，涕唾出。"

这句话的意思就是小儿感受风热或寒邪入里化热，肌肤腠理遇热开阖疏泄，发热重则机体出汗降温；风热上乘，肺气失宣故咳嗽，鼻流黄脓涕，咯黄脓痰，咽部红肿疼痛；热邪伤津耗液，则出现口干舌燥而喜饮水；舌红苔薄黄，脉浮数皆风热征象。广大的家长朋友对后面的舌苔脉象只需要了解一下，但是前面的症状可以适当地记忆，对于判断孩子的感冒类型很有帮助。

对于感冒的治疗，家长要多加小心，不懂的地方可以带孩子去医院寻求专业医生的咨询。有些时候稍不注意，就很容易闹笑话。

我刚毕业时，留在医院工作，就曾经闹过一次笑话。当时还没有资格出门诊，一直在病房管理病人。因为是在儿科，平时的工作非常的繁重，刚开始工作也没什么经验，对病患的照顾也不太周到，总是手忙脚乱的。

有个孩子因为贫血住院治疗，我就是管床医生。这个孩子体质本来就比较弱，再加上正值医院停暖的季节，所以病房也比较的寒冷，家长和护士一下没注意，刚入院的第二天，孩子就出现了感冒的症状。

我早上去查房的时候，孩子就不太舒服，由于是寒邪的侵袭，再加上他表现出来的是一派寒象，很容易地就诊断为风寒感冒。我也就很常规地开了一些辛温解表的中药代煎，每日一剂，一剂两次地给孩子服用，并且把中药开成了长期医嘱。

刚开始，孩子的症状有些好转，没想到一周过去了，孩子感冒的症状没有痊愈，反而加重了。家长很不理解，说一个感冒治了一周都没见效，现在还发热了。我当时很是委屈，心想：方子也没用错啊，怎么就没效呢？

　　科主任查房的时候，重点查看了孩子的病情。回来进行科室讨论的时候，主任语重心长地说："没有一成不变的疾病，也没有一成不变的病人，在临床上就需要我们每天耐心细致地观察病患。"原来这个孩子刚开始是风寒感冒，但是体质太弱，又有贫血，对邪气没有什么抵御能力，所以寒邪入里化热，现在已经发展成为风热感冒了。而我的长期医嘱里用的还是辛温解表的方子，孩子感冒能好吗？

　　听完之后，我恍然大悟，重新去给孩子望、闻、问、切，经过细致的检查，我给孩子用了辛凉解表的方子——银翘散加减，并且少佐益气扶正的药物黄芪等。服用完的第二天，孩子的感冒症状就减轻了很多，也退热了。我又让他连续服用了3天，孩子的感冒很快就痊愈了，家长也露出了笑容。

常用的治疗风热感冒的食疗方

前面已经介绍了风热感冒需要用辛凉解表的方法治疗，但是那些都是临床上医生用的治疗方法，家长朋友们在家有什么方法能帮助孩子减轻病痛呢？答案是肯定的，因为中医里有食疗的方法，对风热感冒也有很好的预防治疗作用。

有些读者朋友要疑惑了，既然能够在家里用食物给孩子治疗风热感冒，为什么要去医院啊，直接弄些辛凉解表的食物给孩子吃不就行了嘛！其实任何食疗的方法都是起到辅助治疗的作用，是对专业医疗的一个补充，肯定是不能完全代替药物的作用的。

所以在风热感冒的早期，或者孩子症状还比较轻微的时候，可以试试用一些食疗的方法解决病痛，但是当孩子症状比较严重时，千万不可只用食疗的方法，这样容易耽误疾病的治疗，用《扁鹊见蔡桓公》中的一句话说就是："病在腠理，不治将恐深。"就是这个道理。

接下来就给广大的读者朋友们介绍三种常用的治疗风热感冒的家庭食疗方——三豆饮、薄荷粥、荸荠水。

❶ 推荐食谱：三豆饮

适合孩子：1岁以上。

三豆饮制作方法：三豆指的是黑豆、绿豆和赤小豆，三种豆子都有清热解毒的作用，选用黑豆、绿豆、赤小豆各一勺，洗干净去沙，放入高压锅中，加入适量的清水，自动保压15分钟左右，使锅中的所有豆子都煮成糊状，拿勺子搅拌均匀，沉淀分层，取上部比较清亮的液体，喂孩子服下即可。

❷ 推荐食谱：薄荷粥

适合孩子：1岁半以上。

薄荷粥制作方法：薄荷本身就具有辛凉解表，清热解毒的功效。薄荷气味芳香宜人，不少清新口气的产品都取材于薄荷。取金银花洗净加入清水，大火煎煮50分钟左右，捞出金银花，加入大米，小火熬制，煮至大米马上熟烂时，放入洗净的薄荷，煎煮5分钟，取出薄荷，即可食用。薄荷粥呈碧绿色，有股清香味。

❸ 推荐食谱：荸荠水

适合孩子：8个月以上。

荸荠水制作方法：很多小朋友都爱喝荸荠水，因为荸荠本身含糖量高，带有甜味，制成荸荠水之后口感好，孩子非常喜爱。将整个荸荠洗净，去皮，用刀拍碎，加入清水，大火煎煮15分钟后，转至小火慢熬20分钟即可。荸荠水带有植物淡淡的清香与甜味，不但可以预防治疗风热感冒，还可以作为孩子的饮品。

这3种食疗的方法，家长朋友们在家里可以尝试一下，对于风热感冒初期有很好的疗效。我家孩子3岁半的时候，那时候是冬天，我也和广大的家长们一样，生怕孩子冻着了，在屋里也给孩子穿很厚。有一次中午喂饭的时候，孩子直喊："妈妈，我热。"当时我怕孩子生病了麻烦，也犯了一下懒，想着孩子吃完饭还得穿上，就没有给孩子减衣服。

到了晚上的时候，孩子就感觉不舒服了，摸了一下额头稍微有些发烫，但是量了一下体温，并没有发热，我检查了一下孩子有典型的风热感冒症状。这下我才想起来中午孩子喊热的情形，心里有些懊悔，家里暖气烧得这么热，成年人进屋都热得受不了脱衣服，更何况是孩子呢？

孩子刚犯风热感冒，我又是医生，不想急着给孩子用一些药物。当时我就想到了三豆饮，因为孩子晚饭已经吃过了，再用薄荷粥，孩子肯定吃不下了，可以把三豆饮当成水喝。本来想用荸荠水的，但是当时家里没有荸荠这种食材，因为家里每天早上要榨豆浆，所以三种豆子家里都有。

我按照上面所介绍的方法，给孩子煮了一锅三豆饮，取了一杯给孩子服用，剩下的用杯子装好，放在冰箱里待用。然后让孩子躺在床上休息，感冒后就是要适当休息来增强人体的正常抵抗力。

第二天早上，孩子还有一些流鼻涕的症状，我去上班之前，让孩子的姥姥在家给孩子喝三豆饮，代替白开水。晚上下班，我焦急地回家，迫切地想看看孩子，刚到家开门，就看见孩子蹦蹦跳跳地从房间里出来，笑着对我说："妈妈，我的病完全好了，一点都不难受了，你别太着急了。"听完孩子的话，我心里开心极了。

8.

缓解咽喉肿痛，试试金银花竹叶水

　　咽喉肿痛也是孩子很容易出现的一个症状，在临床上可以经常听见有些家长朋友们在抱怨："不知道怎么回事，我家孩子怎么每次生病就咽喉肿痛，烦死人了。"其实大多数孩子咽喉肿痛是由于在人体咽峡部有一个扁卵圆形的淋巴器官——扁桃体导致的。

　　扁桃体作为人体最大的淋巴器官，对于人体的防御体系起到重要的作用，当孩子受到外界侵袭时，机体做出的反应就是生产更多的免疫细胞杀死侵袭的病菌、病毒，所以孩子出现疾病时，扁桃体首当其冲受到伤害，或者超负荷的工作，也就造成了扁桃体的发炎肿大，从而出现孩子咽喉肿痛的症状。

　　在临床上，有些孩子实在不能忍受扁桃体老是发炎的症状，所以会选择手术摘除。因为有些孩子的体质就是这样，只要有个小毛病，就出现咽喉肿痛，扁桃体增大，严重时就出现高热不退。有没有好的办法，能够适当地缓解孩子的咽喉肿痛呢？可以试试金银花竹叶水。

金银花性寒，味甘，入肺经，具有清热解毒、利咽消肿的功效；淡竹叶味甘、淡，性寒，归肺经，体轻渗泄，具有清热除烦，利尿通淋的功效。两者泡水服用对孩子咽喉肿痛有很好的疗效，我经常向来我门诊询问的家长朋友们推荐。

很多年前我在医院出急诊，收治过一例咽喉肿痛的小儿患者。家长抱着孩子来的时候，已经是凌晨1点，孩子全身恶寒，发热的症状非常严重，高热40℃，嗓子疼得说不出话来。我一问家长，才知道孩子晚上临睡前就有些发热，吃了点儿药就睡下了，家长朋友也没在意，以为就是普通的不舒服，休息休息就好了。没想到半夜，孩子难受得不行，一摸额头，家长就知道发高烧了。

我用压舌板看了一下孩子的咽部，两个扁桃体大得和核桃一样，上面布满了脓点，查血象显示白细胞20 000多，这是典型的化脓性扁桃体炎。

我当时旁边有很多病人，于是给他开了3天的消炎药，简单地叮嘱几句就让他们走了，嘱咐回头再看普通门诊。当我空闲下来的时候发现这位化脓性扁桃体炎孩子的家长，还坐在我的诊室外面等我。原来他家孩子下周有一个很重要的文艺演出，现在嗓子疼得说不出话来肯定不行，让我替他想想办法，有没有什么好招能够尽快地解决嗓子疼的问题。

我看着家长焦急的眼神，就想用中医的外治方法试试。我就去护士站拿了一个一次采血针，在孩子的少商穴、大椎穴分别点刺放血，并开了生理盐水让孩子回去漱口。

然后我给孩子的家长详细介绍了金银花竹叶水，让他回去给孩子煮点，每天分三次让孩子服用，每次一小杯即可，因为金银花和淡竹叶皆是寒凉之物，虽然对咽喉肿痛有很好的疗效，但是对孩子的脾胃也有一定的伤害，中医讲究"寒凉耗伤脾胃"。所以不可将金银花竹叶水当作孩子日常的饮品，久之虽然可以控制咽喉肿痛的症状，但是对脾胃的损伤不容忽视，会造成孩子的食欲下降。

过了三天，这位家长带着孩子来复诊，说太感谢我了，这两天坚持服用金银花竹叶水，还真管用，孩子咽喉肿痛的症状立马就缓解了，下周肯定能参加文艺汇演了。

我又耐心地询问了孩子的症状，家长说每次孩子生病都是和扁桃体较劲，都不敢给孩子吃发物的食品了，就是怕扁桃体发炎。我当时建议家长对于这种体质的小孩子要注意平时的饮食清淡，保证大便通畅，一旦发现有扁桃体发炎的迹象及时用金银花竹叶水，可以得到有效的缓解。最后也不忘嘱咐这位家长朋友在孩子症状消失的时候，就将金银花竹叶水停了，换成白开水即可，免得出现厌食的症状，家长听完我的建议满意地带着孩子回去了。

9.

风热头疼，可以开天门、揉阳溪穴

孩子平时经常会有感冒发热的时候，除了咳嗽、恶寒发热、全身乏力外，还有一个常见的症状就是头疼。为了缓解孩子头疼的症状，家长朋友们除了给孩子吃一些退热、止痛的药物之外，肯定会做的一个动作就是在孩子的头上来回地按压，来减轻头疼的症状。

虽然只有少部分家长朋友们学过穴位按摩，大部分家长朋友们都是胡乱地在孩子头上乱摸，但是这样做也能缓解风热感冒发热时头疼的症状。这一节，我就教给大家一些简单的推拿按摩方法，对于治疗风热感冒发热引起的头疼有事半功倍的疗效。

这个简单的推拿按摩就是开天门、揉阳溪穴。首先我们来说说"开天门"，其实"开天门"又叫推攒竹穴，攒竹穴是足太阳膀胱经上的腧穴，位于眉头陷中，眶上切迹处。此穴又名"眉本"，眉毛和身体的其他毛发一样，在中医里都称作是血气之余物，由人的肾之所生、血之所养。

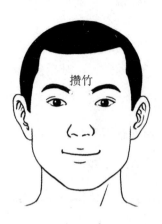

攒竹

再说说阳溪穴，它是手阳明大肠经上的经穴，在"井、荥、输、经、合"五腧穴中五行属火，具有清泻阳明郁热火毒的作用，阳溪穴泻火功力之强，能够治疗各种火毒蒙蔽清窍的疾病。而我们平常感冒、发热引起的头疼，一般就是感受外邪侵袭所致，按摩此穴泻火热之毒，有清泻阳明，通经安神的功效。

而中医治疗疾病最讲究的不外乎是驱邪与扶正，此穴气血旺盛，按摩攒竹穴能够调节人体气血，又位于足太阳膀胱经上，按摩此穴不但能调动人体正气抗邪，还能祛除膀胱经的水湿之气，防止浊气上扰清窍，有吸热生气、祛湿开窍的功用。

阳溪穴位于腕上桡侧，当拇指上翘时候，拇指边上两根筋之间凹陷处。平时临床简便取穴应让拇指上翘，在手腕桡侧，当两筋（拇长伸肌腱与拇短伸肌腱）之间，腕关节桡侧处取穴。

阳溪穴 ————

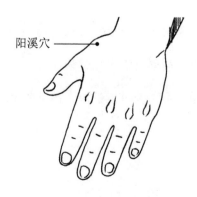

平时在家，孩子有个头疼脑热。我会先检查下孩子的体温和表现状况。如果不是很严重，我一般均在家治疗，轻易不让孩子去医院输液治疗。如果发热，我都会自己先用按摩手法给孩子物理降温，减轻孩子的头疼症状。其实小孩子一般不会感觉头痛，年龄大一点的孩子发热会出现头痛症状。

所以缓解头疼的症状是治疗感冒发热的关键，而我就喜欢用"开天门"加上揉阳溪穴来缓解孩子的头疼。有一次我印象非常深刻，是孩子参加文艺汇演的前一天出现了发热感冒的症状，并且头疼得厉害，当时已经是晚上七八点钟了。

除了用药物治疗外，我就给孩子做全身的推拿按摩。其中最主要的手法就是"开天门"、揉阳溪穴，用大拇指指腹按压两侧的阳溪穴，并且揉刮孩子眉棱骨的同时点按攒竹穴。平时我推拿按摩时都用滑石粉做介质，这次我手掌上稍稍用了点白酒，主要是为了活血通经，运行气血。

经过我半小时左右的推拿，孩子感觉好些了，就安然睡去。孩子躺在床上我万分焦急，当时都想好了实在不行就放弃明天的文艺汇演，之前也和老师通过了电话，老师表示理解，也答应如果身体实在不行就不用去了，但是好几个月辛辛苦苦的排练白费了，觉得非常的惋惜。

可是第二天起来，奇迹发生了，有些事情就是这么的神奇，孩子说："头不疼了，还是去参加文艺汇演吧，毕竟和同学们一起辛辛苦苦排练了这么久，不去太遗憾了。"

虽然孩子有些乏力、出虚汗的症状，但是发热头疼的症状已经减轻了，对文艺汇演的影响已经不大。后期只需要加强治疗应该很快就能痊愈，当时作为母亲，我就庆幸自己还好是医生，及时地解决了孩子的身体问题，没有让孩子的人生留下这个小遗憾。

10.

退热的手法要分清寒热

在前面的章节里，已经介绍了几种退热的方法，但是对于中医的推拿按摩手法，我还想和广大的读者朋友唠叨几句。

推拿按摩中的小儿推拿手法也要分清寒热，因为不同的病症，所对应的推拿手法也不尽相同。之前讲到的热邪侵袭，导致小儿出现发热的情况，我们就可以用一些泻法、清法，泻热外出、清热解毒；而我们之前讲到的寒邪侵袭，小儿正气虚衰，寒邪入里化热，出现发热的症状，则可以用一些补法，调动人体的阳气，鼓邪外出。

小儿体质娇弱，在疾病的不同阶段，也存在很多不同的变化，所以也需要家长朋友们根据疾病的转归，及时地改变护理方法，这样才能"对症下药"，缓解小孩的病痛。

去年，一家电视台的某档养生节目请我去做嘉宾，我就和广大的观众朋友们详细讲解了中医推拿按摩手法在小儿退热方面的作用。

　　下面就有家长提出疑问："我家小孩今年已经两岁半了，可是每次到夏天就闹肚子，一闹肚子就发热，每次都去医院打点滴吃药，折腾好久也不怎么见效，医生你说的那些按摩手法我也都知道，也尝试过给孩子做，也没起到什么作用啊？"

　　对于家长的质疑，我解释说："小儿为稚阴稚阳之体，其消化系统的发育还不完善。在长夏炎热的季节里，由于天气闷热潮湿，湿气容易困遏脾胃，影响脾胃功能的运化。如果饮食上稍微有些不干净或者饮食不节制，没规律，都非常容易出现拉肚子的情形。而暑湿郁于肌表，正邪交争，则出现发热的症状。夏季的暑湿外感、腹泻，与其他季节的感冒治疗不一样，一味应用输液的方法不一定都有效。如果广大家长朋友能懂一些夏季感冒腹泻的特点，掌握一些按摩的手法，对于孩子疾病的转归，会有很好的疗效。"

　　一般用心的家长其实早就听说过推拿按摩，无论是从书籍里还是电视媒体上，对于简单的推拿按摩也都给孩子尝试过许多次，但是收效甚微。其实并不是推拿按摩没有疗效，而是很多家长给孩子推拿按摩不得其法，中医这一行就是这样，很多东西都是要靠临床上一点一点地积累，一点一点地领悟，光靠书本上照葫芦画瓢是没有什么疗效的。

　　我就把这几十年在临床上对于推拿按摩治疗小儿腹泻导致发热的一点感悟和广大读者朋友分享一下。腹部作为胃肠道在小儿体表的反应区域，通过腹部按摩，是可以调节和促进胃肠的运化转输的。我们对于腹部的按摩推拿，要根据小儿疾病的阶段和发展状况来及时地调整手法，这样才能起到事半功倍的效果。

　　首先让小儿仰卧在床上，用掌根部来回摩擦腹部，使局部产生热感并向内部渗透，以皮肤潮红为度。小儿初起出现拉肚子的症状属于实证，因为机体奋力地抗邪，希望把那些不好的东西祛除体外，所以这时候一定要用泻法，才能促进人体尽快地将那些不卫生的脏东西排出体外。我们可以顺着胃肠蠕动的方向，顺时针地在小儿的肚子上按摩，帮助小孩排便。这样给邪以出路，发热的症状很快就会减轻。

如果孩子拉肚子的症状减轻了，但是发热的症状还是没有缓解，这时候再用顺时针的手法按摩小儿肚子就不合适了。因为此时正气已虚，再泻法很容易损伤正气，使邪气进一步入里，所以小儿发热的症状会进一步加重。

此时应该改变按摩的手法，用逆时针的手法在小孩的肚子上按摩，这样采用补法，能够调动机体的阳气，增强机体的免疫力，鼓邪外出。这就是按摩推拿治疗发热根据临床疾病的变化及时改变按摩手法的一个的例子，广大的家长朋友们在家中给孩子按摩时，需要多加注意。

没等我介绍完具体的按摩方法，现场就响起了热烈的掌声。这些全是书本上没有介绍的内容，是我在临床上一点点摸索出来的，这些小技巧、小窍门也是中医中最宝贵的东西，其实临床上医生都有很多诀窍，只是没有机会跟广大的家长朋友分享而已。

有了这么一个方法，我们在运用按摩推拿手法治疗小儿泄泻发热的时候，就可以根据孩子的体质和健康状况调整手法了，作用肯定要比我们家长朋友们自己随便按按好很多。这只是其中一个例子而已，小儿身体的其他很多按摩推拿手法都类似，需要我们共同地去开发、探索、利用，更好地发挥它们为小儿健康服务的作用。

11.

治寒热夹杂的感冒用小柴胡颗粒

前面和广大的读者朋友详细介绍了各种感冒的类型，那些都是家长朋友们在家非常容易鉴别的，临床症状都非常的典型。但是有一种感冒，症状具有模糊性，既有寒邪入侵表现出来的寒证，又有热邪入侵表现出来的热证。

但是在临床某些情况下，所有的疾病都不会像教科书中介绍的那样发展，会出现一些模棱两可的情况，例如我们经常所说的"寒包火"的感冒，非专业人士可能会比较困惑，这就是其中一种寒热夹杂的感冒。

近段时间，可能是由于天气炎热，家长和孩子都贪凉，我在临床上遇到数例寒热夹杂的小患者，该类小患者既有怕冷、头痛、全身肌肉关节酸痛等寒邪外束体表的表现，且持续超过两天，又兼咽痛、小便黄热、大便干等内热的表现，临床上基本诊断为"外寒内热证"。

出现这种症状的主要原因为由春转夏的梅雨期间，气温忽高忽低，雨量较往年多，日照偏少，该是高温湿热的环境特征却形成寒湿的状态，属中医"至而不至"。天人相应，在人体阳气当充盛外浮之时却受制于寒湿的收引牵制，毛窍闭塞，难以透达。

此时出现的感冒，往往为感受寒湿之邪，湿邪有黏腻的特性，造成寒湿留连于体表，而体内之阳气奋而欲抗邪外出，却因寒湿的外束而无法通过毛窍开泻或汗出而得外泄，阳热积于体内则上冲而成咽痛、头痛，下移而有小便黄热、大便秘结。治疗此证单用辛温解表寒则易助里热，单用寒凉清里热则外寒难去。故需权衡外寒内热的多少，内热表现，寒热同治，辛温与辛凉或甘寒同用，才能取得良好的疗效。

近几年时间的盛夏季节，小孩出现寒热夹杂感冒的现象越来越普遍，临床上碰到的越来越多。我觉得是和现代生活水平的提高有密切联系的，以前大家家里基本都没有空调，最多用个小电风扇吹吹。现在家家户户都开着空调，因为家长朋友和小孩同时贪凉，耐不住夏天的炎热，长期处于低温空调房中，大人的调节能力比较好，所以寒邪不易侵袭。

但是夏季暑湿较重，小孩发育尚未完全，通过腠理毛孔开泄，宣散体内暑湿，而在温度较低的空调房中，小孩会因受寒而毛窍闭塞，体内暑湿不得发越。一旦持续的寒邪超过小孩机体正气承受能力，便会发为感冒。如此时仍处于上述环境中，寒邪不断入侵，内热难散，则生成寒热夹杂的感冒。

前段时间我还遇见了一位这样的患者，他是个5岁的小男孩。一大早，我刚打开诊室的门，母亲就抱着孩子焦急地冲了进来，我一边打开电脑，穿上白大褂，一边询问。原来孩子昨天过生日，晚上家长朋友就带孩子去吃了一顿四川火锅，回到家的时候已经是晚上11点多了，孩子也累了，洗洗就睡了。因为窗户是朝西的，住的楼层也高，所以刚到屋子里的时候全家热得不行，家长也没注意，把屋里的空调调到最大风速、最低温度。

可能也是太累了，家长朋友弄完孩子，把孩子哄睡着了，直到自己洗漱睡觉，也没有注意到空调的温度太低了，晚上睡着睡着，家长自己都觉得冷了，才爬起来把空调关小一点。大人的体质还比较好一些，小孩可受不了了，大早上就喊："妈妈，我头疼。"母亲一摸孩子的脑袋，就知道发热了，连忙送医院来了。

我穿好白大褂，坐在椅子上，又对孩子做了一番检查，用责怪的语气对家长朋友说："怎么能这么不小心呢，孩子这次生病得怪你们大人，这是典型的寒热夹杂型感冒。"寒热夹杂，可以用六经辨证辨为"少阳证"，对于"少阳证"的治疗有个经典的方剂叫作"小柴胡汤"。现代中医学也日渐发展，将小柴胡汤做成了中成药，避免了很多熬药的麻烦。

我就给这个孩子开了小柴胡颗粒，让家长朋友一天三次，一次一袋地给孩子冲服。过了三天，家长朋友带着孩子前来复诊，告诉我孩子的情况已经好多了，现在都回去上学了。

最后给广大的家长朋友再强调一下，这节讲的寒热夹杂型感冒，如果没有专业的中医知识，很难辨别。胡乱地自行调治很容易弄巧成拙，孩子感冒的症状会越来越重。所以，如果感冒出现此种复杂情况，还请及时前往医院请专业的医生进行诊治。

12.

感冒时候的饮食应该注意什么

　　每次出门诊的时候回答家长朋友最多的问题就是："崔医生，我家孩子饮食应该注意些什么啊？"记得在我年轻的时候，我是这样回答家长朋友们的："一切如常，不要偏食于一种食物即可。"因为当时我认为家长朋友给孩子准备的饮食，为了孩子的健康成长，肯定是精挑细选，绝对不会出现一些稀奇古怪的东西，只要能营养均衡，搭配合理，就算是出现感冒，也是可以一切如常的。

　　后来随着出门诊的次数增多，我发现这样回答根本不行，因为到我这里来看病的患者来自五湖四海，全国各地的孩子都有，有些地方的饮食习惯非常的不好，所以在临床上会影响到疾病的预后。

　　我曾经就遇到过这样的一位小朋友，他是四川来的，已经八岁多了，跟着爸爸妈妈来北京上小学。他父母在北京务工，天天起早贪黑的，也没多少时间照顾孩子，孩子天天除了上学之外，就在家里玩耍。可能是家长朋友照顾不周，孩子出现了感冒的症状，天天流清鼻涕，家长朋友也没时间带孩子去医院就诊，就自己去药店买了一些感冒药给孩子吃。

有一次正好我们医院搞义诊活动，去街道里给居民们进行免费义诊咨询，我也是其中一个。

我在义诊的时候正好碰见了这个孩子的家长，家长朋友就带孩子来找我看，我看孩子边擦着鼻涕边对我笑着说："阿姨好。"小家伙穿着校服，能感觉孩子的朴实懂事。

那时是冬天，小男孩从外边进来，脸被冻得红通通的，我看他身上的衣服穿得比较少，叮嘱家长朋友回去给孩子多穿一些，要注意保暖，孩子的感冒很有可能就是冻出来的。并且给孩子开了一些治疗风寒感冒的药物，让他回去给孩子吃，并且让他一周后去医院找我复诊。

我当时看着这个孩子，内心有些感慨，父母在城市打工，他要比从小生活在城市衣食无忧的孩子们更早地体会生活的不易。我担心他们挂不上号，给他们留了一张加号条，签好字。最后，孩子的家长问我，有没有什么忌口的，我当时也就随口说了句："正常饮食就行。"

过了一周，这个孩子的家长带着孩子来找我了，孩子蔫头耷脑的，我一看孩子这个模样，连忙说："上回开的药吃了还没好啊？"孩子的母亲焦急地说："可不是吗，到现在都没有好，现在嗓子还疼了，又流鼻涕，又吐痰的，让人着急。"

我细想了一下上次开的药，觉得没错啊，虽然没有药到病除这么神奇，但是也不至于加重病情啊，是哪个环节出错了呢？通过我耐心的询问，才知道是小孩的饮食方面。原来小孩全家都是四川来的，所以每次吃饭的时候必须要吃辣的，不然就吃不下饭，因为家里条件也差，也想省点钱，就在家用馒头蘸着辣酱吃，基本上每顿都是这样。

　　我赶紧和孩子的家长沟通，孩子正是在长身体的时候，首先这样吃非常的不营养。再有每顿饮食都用辛辣之物去刺激孩子，孩子的疾病也不容易好，肯定会出现嗓子疼的现象。辛辣之物经过咽喉部的时候，势必会刺激咽喉部，再加上辛辣食物均属于温热食品，容易助热啊。我让家长朋友回去别再给孩子吃辛辣刺激之物了，每天可以熬点清淡的粥。

　　孩子的家长听完我的讲解，委屈地说："上次我问你饮食有什么注意的，崔医生，你说正常饮食，我们平时就是这么吃的。"我那时就意识到给家长朋友普及的健康知识有问题，因为每个地方的饮食习惯不一样，所以就会造成差错，出现尴尬的场面。

　　之后我就将孩子感冒时的饮食注意事项详细地编辑在文档里，当有家长朋友来咨询的时候，我都会给他们发一张作为健康知识的科普。以下是主要的内容：

　　孩子感冒时，家长朋友们最好准备一些清淡的饮食，例如绿豆粥、小米粥或者藕粉之类的，尽量不要食用大荤油腻的食物，因为大荤油腻的食物不好消化，增加胃肠负担，容易导致消化不良，不利于感冒的恢复。特别是辛辣之物，如果是饮食习惯导致的，最好要戒一段时间，等疾病痊愈之后，才可以食用。水果也要选取一些水分含量多的，例如苹果、梨子、香蕉等，不要选取具有滋补功效的水果，例如榴梿等，因为滋补之品很容易助长邪气，造成症状的加重。

13.

如何判断孩子是不是得了肺炎

说起肺炎这个疾病，广大的家长朋友肯定都皱起眉头。因为肺炎相对于之前我们说过的感冒要严重许多，孩子得了肺炎之后表现出来的症状也较重，治疗的过程也比较复杂，往往都要一两周，孩子都是父母的"心头肉"，看着孩子遭受这些痛苦，家长朋友们往往是非常的担忧。

在临床上有很多种方法都可以诊断肺炎这个疾病，肺炎诊断的标准就是X光片，给孩子拍一个胸片，根据影像学的表现就可以诊断出肺炎这个疾病。其实有经验的医生，在小孩做胸片检查之前，通过临床症状结合听诊也可以将疾病判断得非常准确。

我行医已经有几十年了，对于小孩出现的肺炎，是再熟悉不过了。光听孩子的呼吸声和咳嗽声对肺炎就有初步诊断，再加上用听诊器在孩子的胸部听诊，我对于孩子是否得了肺炎基本上判断得八九不离十。通过胸片的辅助检查，很容易就能确诊。不过，有一种支原体肺炎，目前临床发病率较高，且听诊听不到异常。

　　说到拍胸片，有些家长朋友有一些误解。胸片能判断肺炎的轻重。偶尔拍一次胸片，虽然有些辐射，但是那点儿辐射量基本上可以忽略不计，也不会出现辐射病的症状。有些时候在临床上拍胸片是一项必需的检查，医生也是本着对孩子负责任的态度，胸片的影像学资料不仅能够判断肺炎，也可以做出鉴别诊断，这有助于医生选择正确的治疗方案。

　　有些家长朋友就要问了，家里又没有专业的医疗设备，有没有其他什么好办法能够尽早地知道孩子是否得了肺炎了。我想说的是，那就要靠家长朋友们对孩子的细致观察了。

　　曾经有个孩子的家长来找我，他家孩子已经读小学二年级了，现在学生上学可不比从前了，学业非常的重。平时孩子有个感冒发热，家长朋友们都在家自己就解决了，因为现在看一次病太麻烦，又是挂号、又是瞧病、又是检查拿药，这些都需要排很长的队伍，有些时候看个病一天就过去了，家长也要上班没时间，也不愿意耽误孩子上学的课程，所以能在家自己解决的，就不带孩子去医院了。

　　这个孩子白天症状还好一些，可是到了晚上就高热38.5℃，连续两天都这样，家长朋友终于开始着急了，这样天天在家拖着也不是办法，孩子难受不说，家长还心疼的不行。第二天一大早就带着孩子急急忙忙地找我来看病。

　　他们一家子刚走进诊室就听见孩子剧烈的咳嗽声，我让孩子坐下，和他交谈的过程中，又听他咳了好几声。他妈妈说话了："孩子这两天，天天晚上发高烧，折腾一晚上，到了白天就好一些。"我让护士拿了一个体温计，放在孩子的腋窝下，然后继续地询问病情。孩子咳嗽的声音不绝于耳，那种声音和普通的咳嗽声不一样，非常的费力，并不是从嗓子里发出来的，肯定很深，像是要从肺里咳出来一样。

　　过了5分钟左右，我拿出体温计看了一眼，38.1℃，比晚上要低一些。然后拿听诊器在孩子肺部听诊，我就听见听诊器里传来"咕噜咕噜"的细小水泡音，这是肺部发炎的重要体征。我对孩子的家长说："孩子可能是得了肺炎，怎么不早点来医院呢，你看孩子两个鼻孔呼煽呼煽的，像是往外喷火一样，咳嗽的声音也这么的费劲。"

然后我给孩子开了一个胸片的检查和血常规，检查结果显示，果然不出我所料，就是肺炎，血象也非常高，白细胞20 000多，明显是炎症感染引起的发热。

家长朋友得知自己孩子得了肺炎之后，都非常的自责，说："崔医生，我们两个家长对医学常识一窍不通，也没什么文化，有什么绝招教教我们吧，怎样才能及时地发现孩子得了肺炎啊？"

我笑道："我能发现孩子得了肺炎是在临床工作了几十年得出来的经验，你们得通过对孩子细心的观察，也可以发现一些肺炎的初期症状。"首先可以看发热，孩子得肺炎大多数都会出现发热的症状，而且一般都是持续发热，并且能持续3天以上，如用退热药只能暂时缓解一小会儿，有的吃了退热药也不降。当然也有的肺炎不发热。小儿感冒也发热，即使烧到39℃以上，吃了退热药就能退，孩子一般情况较好。其次听咳嗽的声音，小孩出现肺炎，大多伴有咳嗽的症状，且程度较重，咳嗽的声音往往不是从喉咙里发出来的，声音比较深，咳得比较剧烈。呼吸比较急促，症状严重的甚至可以出现呼吸困难的情况。最后就是要看孩子的精神状态，得肺炎的孩子精神一般会比较萎靡，食欲也不好。

这两位家长朋友听完这些，都高兴地说："要是早碰见像崔医生这样的好医生就好了，能够学习这么多医学的知识，以后肯定能够及早地发现孩子出现肺炎的征兆。"我给孩子开完药，一家人拿完药就领着孩子回家了。

14.

常给孩子捏脊可以预防感冒

现在随着医学知识的普及，一提到小儿捏脊，很多家长朋友应该都很清楚，小儿推拿按摩中用的最多的就是捏脊疗法。因为小儿为纯阳体质，腹为阴，背为阳，人体的脊背有一条重要的经络，在人体后背的正中间，叫督脉，主一身之阳，又因为人体的后背本身是属阳的，它在人体脊背的正中，因此可称督脉为阳中之阳。

在小儿背部脊柱两旁进行推拿按摩，可以调动孩子机体阳气，起到调和阴阳，增强免疫力，预防感冒的功效。在《肘后备急方》中，对捏脊疗法就有具体记载："拈起其脊骨皮，深取痛引之，从龟尾至顶乃止，未愈更为之。"

当孩子出现感冒发热时，家长们多数都会选择带孩子去医院化验、吃药、打针。但是家长能够学会捏脊，平时给孩子做做推拿，对疾病有预防的效果，就不用频繁地去医院了。特别对于预防小孩感冒，捏脊具有很好的疗效。感冒是指小孩感受风邪或时行病毒，引起肺卫功能失调，出现鼻塞、流涕、喷嚏、头痛、恶寒、发热、全身不适等主要临床表现的一种外感疾病。通过捏拿小孩的脊背可以振奋小孩督脉的阳气，推动全身气血的运行，调整全身的阴阳之气，提高小孩的免疫力，从而达到预防治疗感冒的目的。

我在科里出门诊的时候，对小孩用得最多的推拿按摩手法就是捏脊，至今我们医院儿科的这个传统还是没有变，一般的病均首选外治疗法，如推拿捏背，家长朋友也非常欢迎。

有一次我去朋友家做客，聊一聊家常，没想到朋友的孩子在哭闹，说是肚子不舒服，还流鼻涕，打喷嚏。我一问原因，开始孩子还不好意思说，我再三诱导，孩子终于说出了实情。原来前段时间朋友带孩子出去吃自助火锅，孩子又喝冷饮又吃麻辣火锅，过足了嘴瘾，但是回家后就出现了腹部胀满不适的症状，孩子怕被家长批评，也就没告诉家长。我这个家长朋友也没太在意，以为孩子这两天食欲有所下降可能和天气炎热有关，就让孩子吃了两片健胃消食片。直到今天我来他家做客，才发现了孩子的异样，大人才开始着急了，知道我是医生，所以让我先给孩子看看。我一看孩子肚子，鼓鼓的，像个打足气的皮球，孩子脸色也发黄，舌苔厚腻，典型的感冒夹滞，即消化不良，还好疾病刚刚开始发展，孩子只出现了轻微的症状，有些拉肚子，还有流鼻涕、打喷嚏，并没有出现发热的症状。

我除了教育他们以后要注意孩子的饮食之外，让孩子俯卧在沙发上。我从小儿的尾椎（相当于长强穴）开始，用双手食指的前两节平放在脊柱的两侧，先轻轻地向上推动一点儿，因为摩擦力，脊柱两侧的肌肤会牵扯起来，用大拇指捏住，然后左右手交替进行，按照推、捏、捻、放、提的先后顺序，自下而上地拿捏，从尾椎下的长强穴向前捏拿至脊背上端的大椎穴（当低头时颈椎处有一个凸起较高的骨头，临床上叫作第7颈椎。第7颈椎下有一个凹陷，这个凹陷的地方就是大椎穴）。

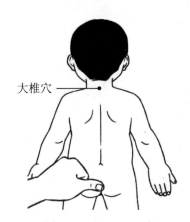

大椎穴

这样从尾椎拿捏到大椎算是捏一遍，给孩子捏脊的时候，可以根据孩子的病情轻重多次循环进行。捏脊的时候力度要轻柔，因为家长刚开始操作时手法还不熟练，所以孩子会出现疼痛的情况，一般都不会配合，全程哭着捏完。

再交给广大读者朋友一个小窍门，在捏脊的时候，中医讲究捏三提一来增强疗效，什么叫作捏三提一呢？就是在左右手交替提捏的时候，每三下就双手同时用力，提捏肌肤垂直向上运动，手法要快，操作熟练后会听见孩子脊柱关节出现清脆的嘎嘣一声。不过，不是所有的孩子都会出响声。这样能最大幅度地提升机体的免疫能力，抵抗外邪的侵袭。

我给朋友的孩子捏完就回去了。第二天早上，我刚起床就接到朋友打来的电话，说要谢谢我，孩子早上起来也不流鼻涕了，也不打喷嚏了，腹胀的症状也缓解了，嚷嚷着要亲自和我说声谢谢。

我笑着说："这孩子这么懂事了，下回再去你家看望宝贝。"我嘱咐朋友这两天不要让孩子吃得太过于油腻，也不要吃得太多，以免又损伤了孩子正气，再出现感冒症状，也可以继续来找我进行捏脊治疗。朋友这周天天带孩子来我家找我治疗，经过一周的捏脊，孩子终于恢复如前了，围着家长和我打转，脸色也红润起来。

15.

感冒久治不愈，小心鼻炎、鼻窦炎

　　孩子得了感冒并不可怕，因为感冒是常见的疾病，无论中医还是西医，都有很多种方法治疗，只要方法得当，孩子很快就能痊愈。因为感冒一直被认为是小病，所以很容易被家长朋友们所忽视，要么就随便买些药给孩子治疗，要么根据自己的判断，怕出现不良反应，不规律地给孩子服药，孩子的感冒症状就会出现时好时坏，很长一段时间都没有痊愈。

　　因为长时间的流鼻涕、打喷嚏，导致感冒久治不愈。由于鼻子痒，有些孩子还拿自己的小脏手不断地挖鼻孔，长期的炎症不断刺激鼻子，这样感冒很容易发展成为鼻炎、鼻窦炎。鼻炎、鼻窦炎一般不会出现头痛发热等严重的症状，多是流大脓鼻涕，或者反复吸溜鼻子，有的孩子还会因此出现慢性咳嗽；也有的孩子因为鼻窦炎导致发热不退或者头痛。有一次医院组织医生去河北义诊，我作为专家也去了。我们去的那个村子在大山里，光绕山路就得两个多小时，到目的地都快10点了，村里的老百姓们知道我们要来，都早早地在我们的诊桌前排着队等候了。我们也顾不上休息，刚下车就开始了义诊活动。

有个家长带着孩子来，村里的生活条件不太好，孩子小脸蛋红通通的，皮肤比较干燥，都干裂起皮了，看着都让人心疼，最主要的是孩子流着黄色的鼻涕，眼看着快要流到嘴唇上了，"吸溜"一下又被孩子给吸了回去。孩子老是流鼻涕的症状半年前就有了，开始时因为孩子受凉感冒了，流的是清鼻涕，因为没出现发热等严重的症状，家长就没去管他。没想到感冒的其他症状都不见了，光流鼻涕，整天吸溜着鼻子，直到现在变成了大黄脓鼻涕。

我听完之后，给孩子仔细检查了一番，用双手在孩子的前额、鼻根部两旁和颧骨处用大拇指指腹按压，按到鼻根部两旁的时候，孩子感觉到疼痛。我初步判断是鼻窦炎，就和孩子的姥姥说："孩子由于长期的感冒没得到有效的治疗，现在发展成为鼻窦炎了，所以整天流着黄脓鼻涕。"

孩子的姥姥听了之后，十分焦急地问："鼻窦炎要不要紧啊，严不严重啊？"我耐心地给她解释："孩子的鼻窦炎是由上呼吸道感染引起的，要祛除炎症，才会慢慢好转的。"

于是，我让孩子的姥姥用抗生素药物治疗的同时，还给她开了一些疏风清热、芳香通窍的中药，并且教了孩子的姥姥平时护理孩子的一些小办法。孩子觉得鼻子里有异物时不要用力擤鼻，应堵塞一侧鼻孔擤净鼻腔分泌物，再堵塞另一侧鼻孔擤净鼻腔分泌物；可以每天用温盐水让孩子洗洗鼻子；平时也要加强孩子的体育锻炼，增强体质。说完之后，孩子的姥姥带着孩子连忙谢谢我，说盼星星盼月亮终于盼来了城里的好医生，解决孩子的病痛问题。我看着孩子脸上干裂的皮肤心疼不已，随手送给孩子一个小儿用的护肤用品，让姥姥回去给孩子天天抹一点。

为期一天的义诊结束了，虽然很累，但是我们这些医务工作者都为能够为社会做一些有意义的事情，感到挺开心的。

第四章

用中医的方法
帮孩子化痰止咳

1.

呼吸不顺畅，当心毛细支气管炎

随着气温的逐渐下降，越来越多的孩子得了毛细支气管炎。毛细支气管炎是一种肺脏细小气管的感染，是婴幼儿很常见的一种疾病，并且早期的症状和感冒相似，很容易造成误诊，耽误病情，所以家长朋友们要引起高度重视。

毛细支气管炎初期和感冒同属于邪犯肺卫，早期的症状会出现恶寒发热、咳嗽、流鼻涕、打喷嚏的症状。但是毛细支气管炎和感冒最大的不同，是毛细支气管炎常常伴有喘促，严重时伴有呼吸困难的症状。

当毛细支气管炎发展了几天之后，因为气管内有很多的分泌物阻塞气道，造成气管管径变得狭窄，此时就会造成孩子出现咳嗽、呼吸困难、肋间在吸气时有明显凹陷，或是吐气时发出喘鸣声，同时出现呼吸频率加快，有些类似气喘病的症状，到了夜间也无法安然入睡。

家长朋友们如果发现孩子出现了以上的这些症状，就得警惕孩子是否得了毛细支气管炎。

前段时间出门诊的时候，我还碰见了一个毛细支气管炎的患者，他是一岁半的小男孩。这个孩子的家长来的时候就显得非常的焦急，刚进门就说："崔医生，我大早上起来好不容易挂上了您的号，快给我家宝宝看看吧，已经生病一周了，我向单位请假在家看着他，也不见好，真让人着急。"

我安抚家长坐下，她抱着孩子坐在我的诊桌前，一脸的憔悴，估计这周被孩子折腾得够呛。通过我耐心地询问家长朋友孩子的情况，才知道孩子一周之前只是出现了轻微的咳嗽，鼻流清涕，然后就有一些发热，家长朋友以为就是普通的感冒，也没太在意，给孩子吃了一些感冒冲剂。

没想到连续一周了，孩子的病情没有减轻，反而加重了，现在出现了频繁急促的咳嗽，原来只是干咳，现在咳嗽有痰，嗓子里呼噜呼噜的，晚上睡不好觉。

其实我心里很清楚，加上对孩子进行了一些体格检查，孩子现在呼吸音粗，肺部还有明显的水泡音，咳嗽的时候还伴有轻微的胸痛，肯定不是单纯的感冒了。我给孩子开了血常规和胸片，先让家长带着去检查。

检查结果回来后，血常规显示血象并不是很高，但是淋巴细胞有所升高，胸片显示有炎症的表现。基本上符合我最初的判断，我对孩子的家长说："孩子不是普通的感冒，是毛细支气管炎，你当感冒治了一周，当然没有什么效果啦。"

孩子的家长听了之后自责不已，连声道："这个病对孩子要不要紧啊，有没有什么好办法啊？"我笑着安抚家长朋友："这是小儿呼吸系统常见的疾病，不是什么难治的疾病，只要对症及时地治疗，疾病很快就能痊愈，不用太担心。不过，因为毛细支气管炎多见于婴幼儿，也容易合并心衰，也是有危险的啊。只是要注意孩子以后的情况，一般得了毛细支气管炎的孩子以后很容易反复咳喘。"

家长听到这个疾病问题不大，也松了一口气，放心不少。我拿着血常规的化验报告单继续给家长解释，毛细支气管炎这个疾病一般都是病毒引起的，报告单中的淋巴细胞升高也证明了这一点。

　　现在医疗科学发展日新月异，抗生素也层出不穷，对于细菌造成的感染都有很好的治疗方法，但是目前还没有任何一种药物对于病毒造成的疾病有很好的疗效。毛细支气管炎虽然是病毒感染，但由于发病的孩子年龄小，常容易合并细菌感染。在临床上，一般要用抗生素，配合雾化治疗。一般情况下我会配合中药治疗。因为疗效辨证应用止咳化痰平喘的方剂，能够很快地缓解孩子毛细支气管炎的症状，在临床上疗效显著。我们的传统医学确实有其独特的疗效。

　　我在用药的同时，会强调家庭护理。因为毛细支气管炎的治疗，也离不开家长对孩子的细心看护，家长也不能掉以轻心。在家要保证孩子的房间通风换气，室内温度要适宜，保持在24℃左右，饮食要以容易消化的食物为主，多给孩子喂水，也有助于咳痰，孩子咳嗽时，在孩子的背部空掌拍击，促进孩子的排痰，家里有吸烟的人最好要到户外吸烟，防止烟味对孩子的刺激，加重症状。

　　和这位家长说了这么多，家长终于安心地带孩子回去了。过了十天左右，这位家长又带着孩子回来复诊，这次家长和上次来时神情完全不一样了，满脸笑容，乐呵呵地说："要谢谢崔医生您了，现在孩子的症状完全消失了，解决了我们家的大麻烦。"我又拿听诊器听了听孩子的肺部，确定了完全没问题后，就让这对母子回去了。

2.

咳嗽也分寒热，治疗重点不同

前面的章节介绍了小儿感冒分为风寒和风热，那么这节内容要讲的咳嗽其实也一样，也要分清寒热，因为"咳嗽有寒热，治法有不同"。

家长对于咳嗽能分清楚寒热，也会有针对性地给孩子吃药，包括饮食调护。因为不同的症型，在临床上的治疗方法也不一样，如果不加辨别，胡乱地用药，不但不能治疗孩子的疾病，反而对孩子的身体是一种伤害。

小孩风寒咳嗽的症状表现往往以寒象为重，咳嗽的声音重浊，咯痰稀薄色白，常伴鼻塞，流清涕，恶寒明显，无汗，嗓子不红，舌苔薄白。临床上以疏风散寒，宣肺止咳为主。

小儿风热咳嗽的症状表现往往以热象为重，咳嗽咳痰不爽，难以咯出，咯黄色黏稠痰，咽喉干燥疼痛，常伴有恶风身热、鼻流黄涕、口渴、舌苔薄黄等。临床上主要以疏风清热，宣肺止咳为主。

家长朋友们对于孩子咳嗽的治疗应该做到心里有数，因为寒热在临床上的表现很明显，掌握要点就容易进行鉴别。不过临床上也有一些寒热错杂的咳嗽。

在临床上行医的时间长了，总有一些让人印象深刻的家长，并且还不占少数。曾经我就碰见一位这样的家长，他家孩子五岁多了，因为体质比较虚弱，不是感冒就是发热，经常找我看病，为了孩子，家长也没少下功夫，就诊时经常和我讨论医学问题，说起来也头头是道。

每次我见到这位家长带孩子来，我都和他打趣道："孩子经常生病，你都快成为一个医生了吧。"这位家长也不好意思地笑着说："哪里，哪里，都是为了孩子，久病成医。"

前段时间，这位家长又带着孩子来看病，这回是孩子出现了咳嗽，已经在家待了两周了，咳嗽断断续续的，老是不好。我检查了一下孩子，问了一下症状，孩子怕冷、手脚有点凉、鼻塞、流清涕、无汗，我让孩子伸出舌头一看，舌苔薄白，一派的寒象，很明显的风寒咳嗽。

我又问这位家长："在家给孩子吃了什么药啊？"这位家长说："就是上次开的小儿肺热咳喘口服液，上次吃的效果还挺好的，这次给孩子吃了一周了，都不见效，是不是吃得太多，产生耐药性了。"

我笑道："中药很少出现耐药，用药不对证，就没有效果啊。这回孩子的咳嗽和上回的完全不一样，虽然都是咳嗽，但是上次是风热引起的，所以给你开了疏风清热的小儿肺热咳喘口服液，上次的药顾名思义，就是针对肺热的。而这次孩子的咳嗽是风寒引起的，所以用这些寒凉的药物不但没有疗效，反而会加重病情。"

这位家长听了都不好意思了，说："聪明反被聪明误，本来我觉得自己已经是半个儿科医生了，对孩子这些小病的用药还是有把握的，带孩子看了这么多次病，觉得就那么几招，没想到还有这么多门道。"

　　我让这位家长回去给孩子煮一些生姜红糖水，然后加一些葱白，每天喂孩子喝一小碗，给孩子祛祛风寒。然后我又开了一些疏风散寒，宣肺止咳的中药，让家长回去煎熬，给孩子服用。

　　一周左右，这位家长带着孩子回来复诊，说："还是崔医生辨证辨得准确，药到病除，孩子的咳嗽现在完全好了，我这个伪医生为了孩子的健康成长，还得好好地学习啊。"我说："回去之后别胡乱给孩子用药就行，多来医院咨询咨询，就不会用错药了。"这位家长听完后，笑着点点头，带着孩子回去了。

3.

治疗肺热咳嗽，给小孩清清肺经

　　我在出门诊的时候，好多带孩子就诊的家长朋友都喜欢问："崔医生，我家宝宝是阴虚还是阳虚啊？"面对这样的问题，我一般会觉得很无奈，因为这是个很难回答的问题，不是一句两句话就能说清楚的。孩子都属于稚阴稚阳之体，有的偏于阳虚一些，有的偏于阴虚一些，要靠临床的经验去判断。前几节内容所讲的咳嗽也分寒、热、虚、实等多种。而我们这节要讲的就是用推拿按摩中清肺经的方法治疗小儿肺热咳嗽。

　　怎样才能辨别肺热咳嗽呢？我教大家一个好方法，咳嗽的病人嗓子里一般都有黏性的分泌物，如果小孩早上起来咯出的痰特别稠，并且发黄，这就是肺热的表现。其他的症状包括口干、咽痛、便秘、尿黄、身热等，舌质红、苔薄黄或黄腻，家长拿不准就需要临床的医生来判断了。

　　清肺经是小儿推拿中特有的按摩手法，肺经位于小儿的无名指掌面螺纹面，通过经络与肺脏有直接的联系，能调节肺气。所以，用清肺经的推拿按摩方法可以清肺热、止咳化痰，对于肺热壅积、肺失宣降的咳嗽有良好的疗效。

　　我曾经收治过一个咳嗽的小儿患者，是个五岁左右的小男孩。那时是在冬季，因为北京户外寒冷，家长给孩子裹得严严实实的，刚进诊室的时候，我就看见一团"衣服球"向我走过来。我一看孩子穿成这样，眼睛都快被蒙住了，诧异地看着孩子的家长，家长不好意思地说："孩子从小体质就不好，现在又咳嗽了，怕孩子受凉，导致疾病加重了，所以给孩子多穿点儿。"

清肺经

　　读者朋友这时肯定会有疑问，在寒冷的冬季，难道不是寒凉致病吗？怎么会是肺热咳嗽呢？其实不然，这位小儿患者表现出来的症状是一派的热象，我就是用前面教给大家的那招判定这位小儿患者就是肺热咳嗽。

　　原来冬季的北京家家户户都有暖气，而这位小儿患者家里暖气给得太足了，户内温度十分的高，特别是晚上睡觉的时候，加上北方天气干燥，孩子的家长又不注意室内的保湿，还怕孩子冻着，给孩子穿的衣服多，人为的各种因素让孩子患上了肺热咳嗽。

　　我首先让家长给孩子脱了几件衣服，衣服并不是穿得越多越好，只要能保暖，又不至于让孩子一动就大汗即可，然后回家后要让室内保持一定的湿度，不能过于干燥，最简单的方法比如在暖气边上放一盆水，每天开窗通风也行。交代完毕，我就给小孩进行按摩推拿治疗疾病，我当时用的主要手法就是清肺经，该穴具有清肺止咳功效。

　　为了起到更好的疗效，我手把手地教这位家长如何找到小儿的肺经，如何在家按摩保健。用自己的拇指指腹蘸取滑石粉，在家也可以用爽身粉。对准孩子的肺经从掌侧的指掌关节横纹处，向指尖轻轻地推按，每侧推按300～500次，左右两边交替，每天可以重复推按3～5遍。每次推按可以明显地看见小儿无名指肤色从红润到苍白，然后又变成红润，这样可以起到泻热行气，止咳化痰的作用，对小儿的肺热咳嗽有很好的疗效。

　　这位小儿患者经过我3天细心的治疗，也没吃药，肺热的症状很快就缓解了，一周后再次复诊时，孩子已经痊愈了。家长开心地对我表示感谢："崔医生，孩子前几天可受罪了，看着就心疼，要不是你，现在我们都不知道该怎么办呢？"我鼓励家长在家继续给孩子做清肺经的推拿按摩，这样不仅能治疗疾病，还能起到保健养生的作用。家长笑着点点头，表示回去后肯定继续给孩子做清肺经的按摩，以免疾病反复出现。

4.

止寒热错杂的咳嗽，中药方有奇效

咳嗽也分寒热，前面的章节讲过寒热错杂的感冒，症状不像风热、风寒感冒好辨别，而且治疗也不单纯，那咳嗽是不是也有寒热错杂的症型呢？答案是肯定的。

不过家长朋友对于小儿出现寒热错杂的咳嗽不必担心，因为中药方很有疗效。在这节内容里，我就给大家分享一个治疗小儿寒热错杂咳嗽的食疗方——盐蒸橙子。

盐蒸橙子在民间是十分广泛使用的中药方，对于盐蒸橙子的出处记载不详，民间很早就有此疗法，中医认为，橙子性味酸，凉，归肺、胃两经，从古人对橙子作用的论述来看，橙子具有宽中理气的作用。

其实橙子分为果肉和橙皮，这两种不同的部位所起到的作用也不是一致的。橙皮辛温宣散，具有宣肺散寒、燥湿化痰的作用，果肉性凉，具有清肺热的作用。所以橙子既可以散外寒，也可以清内热，对于寒热错杂的咳嗽有很好的疗效。

家长朋友们又要问，既然橙子本身就有这样的疗效，为什么还要用盐蒸呢，用盐之后味道不好，孩子都不爱吃，放糖不行吗？其实用盐蒸的方法，在中医古籍《开宝本草》里有类似的描述："瓤，去恶心，洗去酸汁，细切和盐蜜煎成，食之，去胃中浮风。"

在《辅行诀脏腑用药法要》里，对五味与五脏的描述中，有这样的话："肺德在收。故经云：以酸补之，咸泻之；肺苦气上逆，急食辛以散之，开腠理以通气也。"如此配合，可以起到泻肺、清热、降逆的功效。放糖则万万不可，因为糖为甘甜之品，容易助湿生痰，诱发或加重咳嗽，反使咳嗽不愈。

讲了这么多，家长朋友们一定对盐蒸橙子的做法感到好奇吧，下面就教给大家。

推荐食谱：盐蒸橙子

取食盐1/3勺，放入清水中化开，然后将一个橙子外表洗净，去除果蒂，放入盐水中浸泡10分钟左右。

用刀将橙子的果蒂端切除，露出果肉，切1/5左右，然后撒上少许食盐，用筷子杵几下果肉，使盐充分渗透果肉，放入碗中，碗中无须加水，直接放入蒸锅中，蒸制15分钟左右。取出去皮，留取果肉，放入碗中和蒸出的汤汁让孩子一同服用即可。

前段时间我还碰见了这么一位寒热错杂咳嗽的小儿患者，他已经上小学了，咳嗽的症状不是很严重，就是时常轻微的咳嗽3~5声，声音重浊有痰，鼻音较重。我检查了一下孩子，孩子的鼻子里边有很多的黏涕。

然后我一摸孩子的双手，手心有些发烫，通过望、闻、问、切，舌红，苔是白的，我判断他是外寒内热型的咳嗽。我问家长："孩子平时是不是容易上火啊？"家长说："就是就是，这孩子不好好喝水、吃菜。特别容易上火。"

于是，家长无奈地和我抱怨："今年也不知道怎么了，小区的暖气烧得温度和夏天一样，特别是晚上，睡觉的时候孩子都满头大汗的。"当时是冬季，外面天气寒冷，而屋内有暖气，烧得温度和夏天一样，孩子从室内到户外，很容易就出现身体的不适应，而他就表现为寒热错杂的咳嗽。我让家长回家之后，在屋内记得给孩子脱去外衣，然后在暖气的边上放一盆凉水，也可以使用加湿器，不能让屋内环境太干燥了，也可以时不时地开窗通风。同时提醒家长要让孩子多喝水，吃蔬菜。

除了给孩子开了一些寒热并用的药物之外，我还把盐蒸橙子的方子介绍给家长，让他回家之后每天按我说的方法给孩子吃一个盐蒸橙子。过了一周之后，家长带着这位孩子回来复诊，孩子进门就喊我："崔阿姨，你教给老爸的方法真棒，我现在全好了，一点都不咳嗽啦！"我笑着摸摸他的小脑袋，说："主要是你吃药勇敢，表现好，所以才好得这么快。以后要多喝水吃菜啊！"我边说边给孩子检查了一番，觉得没什么大碍了，就让他们回去了。

5.

孩子咳嗽"三分治，七分养"

咳嗽是儿科临床上经常遇到的疾病，有些孩子只要一犯咳嗽，就咳得没完没了，经久不愈，家长朋友们对此甚是烦恼。其实小儿咳嗽与孩子本身的抵抗力弱有关系之外，也和家长朋友们平时的护理和对症处理方式密切相关，人们都说"三分治，七分养"就是这个道理。

在临床上，很多家长朋友们对孩子的咳嗽，存在一个严重误区，认为孩子出现咳嗽是感冒发热的前兆，所以当孩子刚出现咳嗽的时候，全家都紧张得不得了，立即给孩子吃药治疗，恨不得把各种止咳药都用上，只求孩子不要再咳了。其实一味地止咳，反而不利于病情的恢复。

咳嗽是小儿的一种保护性反应，是孩子呼吸道黏膜受刺激，引起的防御性生理反射作用。当孩子出现一些轻微的咳嗽症状时，说明孩子机体的条件反射想通过咳嗽的方式将肺部和气道淤积的痰液、病菌排出体外，也有助于孩子的身体恢复健康，家长朋友此时先不要忙于用药物给孩子镇咳。

如果孩子出现了比较严重的咳嗽，甚至影响到平时的正常生活，例如影响到饮食和睡眠，此时就需要给孩子一定的治疗，帮助孩子对抗病邪的侵袭。在治疗的时候也需要对孩子的咳嗽进行专业的鉴别，不可以盲目用药，之前也介绍了很多种咳嗽的症型，家长朋友们如果自己分不清楚，可以去医院寻求专业的医疗，这样才可以对症处理，防止加重孩子的病情。

这节内容要说的是"三分治，七分养"，"三分治"是医生的事情，我就不多说了，主要和广大的家长朋友们说一说"七分养"。

当孩子咳嗽的时候，家长朋友们除了要遵循医嘱给孩子用药之外，还要在家给孩子进行护理，这样配合治疗才能使孩子快速地痊愈。首先要说的就是饮食方面，要根据孩子咳嗽的具体情况，准备科学、合理的饮食。有咳嗽症状的时候，最好不要让孩子吃寒凉、肥甘厚腻的东西，也要避免辛辣刺激的食物，对于一些发物之品也要注意，例如海鲜等。去医院在专业医生的指导下为孩子选用一些对症的食疗方，协助改善其症状，促进其尽快恢复。

其次就是让孩子多喝温开水。一定要用温开水，因为冷水对嗓子的刺激也可以造成孩子咳嗽症状的加重。补充孩子机体的水分，这样有助于痰液的排出，在体内的病菌也会随痰液的排出而消散，有利于孩子健康的恢复。所以，孩子咳嗽期间，家长朋友们也要督促孩子注意多喝一些温开水，有利于痰液的排出。

最后提醒广大的家长朋友们需要学习一些有效的方法来缓解孩子的咳嗽症状。有些孩子白天不怎么咳嗽，但是到了晚上睡觉的时候，就咳个不停。家长这时候就可以将孩子的头部稍微垫高一点，并让孩子侧卧，这样也有利于宝宝呼吸道分泌物的排出及缓解咳嗽症状。

如果孩子白天咳个不停，并且没有什么痰液，属于干咳，家长朋友们可以准备一个保温杯，放入开水冲泡金银花、菊花、薄荷等辛香之品，然后对着孩子口鼻，使其吸入水蒸气，注意温度适合，水蒸气具有利咽作用，可以平息咳嗽。

如果孩子咳嗽并且有较多的痰液，家长朋友们可以在孩子咳嗽的时候，将手握成空拳状，在孩子的前胸轻轻地从上至下地按摩缓解咳嗽，并且在孩子的后背两侧由下至上有次序地拍打，帮助孩子排出痰液。如果孩子并没有将痰液咳出，而是不小心咽了下去，家长也不必太过于担心，因为机体的消化道内有许多消化酶和酸性液体，同样也可以灭菌和清除异物。

还有一点要强调的就是保持孩子屋内的空气流通和清新，有些家长一边埋怨孩子整天咳嗽个不停，一边还在屋内吸烟，自己都没把孩子的健康放在心上，孩子能不折腾你吗？所以保持室内空气的新鲜，也是缓解孩子咳嗽症状的重要因素之一。

6.

孩子长期咳嗽，家长要小心哪些病

有些小儿出现咳嗽的时候，经常迁延不愈，长期地咳嗽，吃了很多的药，进行了很多的治疗都没有好。有些家长朋友带孩子来我这里就诊的时候，经常会说："我家宝宝咳了好几周了，是不是变成慢性的了？"

什么样的咳嗽才是慢性咳嗽，家长不确定，有些时候孩子咳嗽了一两周，家长朋友们因为焦急的心态，就认为孩子已经咳嗽好长时间了。其实临床上一般认为咳嗽超过四周才会认为孩子出现了慢性的咳嗽。

给大家介绍一下慢性咳嗽的病因。目前较为常见的有小儿变异性哮喘（详见本章第8节，在此略过）。

还有就是上气道咳嗽综合征，大多数是由于孩子出现鼻炎、咽炎、扁桃体炎、腺样体肥大等上气道的疾病，然后导致的上气道咳嗽综合征，以前上气道咳嗽综合征又叫作鼻后滴漏综合征。一般咳嗽都伴有咯痰，痰的性质可以分为很多种，有淡白色的泡沫痰或者黄脓痰，并且伴有鼻子的症状，例如鼻塞、流鼻涕、嗓子不适的症状。我们在临床上用鼻咽喉镜检查，还有鼻窦的影像学检查都可以明确诊断。再有就是胃食管反流性咳嗽，也是造成小儿长期咳嗽的一个重要原因，是由于胃酸和其他胃内容物反流进入食管，导致以咳嗽为突出表现的临床综合征。小儿患者出现咳嗽的时候一般都会和进食有关系，一般发生在进食中或进食后，咳嗽时胸骨后会出现明显的烧灼感，伴有反酸、嗳气、胸闷等症状。这是小儿咳嗽的比较特殊的类型，并不是肺部出现问题引起的，是由于胃部的异常引起的喉射反应导致的。

先天性的气道异常也是孩子出现长期咳嗽的重要原因之一，有些家长对此不会注意，一直当成普通的咳嗽和感冒来治疗，因为孩子出现咳嗽的症状不会很严重，有些时候很轻微，甚至不会被家长注意到，只是当出现其他诱因的时候，孩子咳嗽的症状会比较严重。这类患儿的家长一般来的时候都会说："我家孩子要么不生病，一生病就咳嗽，咳起来和要了命似的，感觉都要把肺给咳出来。"其实家长并不知道孩子先天性的气道就有问题，直到做了支气管镜检才明确。最后一个常见的诱因，我在介绍之前要对某些马虎的家长提出批评，这完全是家长朋友们自己的不小心看护造成的，那就是小儿的异物吸入。一般多发生在1～3岁的孩子身上，孩子这段时间对于新鲜事物是一个探索的阶段，家长一下子没注意，孩子就吸入了一些异物，再加上有可能语言表达不清楚，或者害怕家长的责怪，所以孩子出现咳嗽症状也不知道真正的原因。

我碰见过这样的例子，当时家长带着两岁多的孩子来就诊，开始我也是当成普通的咳嗽治疗，咳嗽的症状并不是很严重，治疗了很长时间，症状总是反反复复。后来，我怕孩子得了肺炎，就给孩子开了一个胸片，发现右侧肺的地方隐约地有个阴影，不像寻常的肺部炎症，进一步做支气管镜检查证实确实是异物，花生豆进入支气管了。后面通过治疗，将异物取出，孩子的咳嗽才好了。

7.

咳嗽有痰，清肺止咳祛痰饮冰糖梨水

前面的章节对小儿咳嗽进行了分类，按病因分成了风寒咳嗽、风热咳嗽、痰湿咳嗽等，其实按照咳嗽的症状也可以分成干咳和湿咳。干咳指的是小儿咳嗽的时候，不伴有咯痰的症状；湿咳指的就是小儿咳嗽，伴有大量的痰液。

其实大部分孩子出现的咳嗽都属于湿咳，前面介绍过咳嗽是呼吸道受到各种刺激时人体的一种正常的自我防御反应，而连续性的咳嗽都会对咽喉产生刺激，使得咽喉的分泌腺增加分泌，产生痰液，清除异物包括粉尘、病原体等。

所以，各种外来因素引起小儿的持续性咳嗽，刚开始时有可能是干咳，但是随着病情的发展，刺激到咽喉黏膜分泌出痰液，最终形成湿咳。而咳嗽正是起到了帮助清除呼吸道内各种刺激因素的作用，是一种孩子对外界侵袭因素做出的防御反应。

对于孩子咳嗽有痰的治疗，广大的家长朋友们会陷入一个误区，光给孩子吃一些镇咳的药物，孩子的咳嗽虽然会出现暂时的缓解，但是孩子呼吸道内的痰液

147

并没有被排出，成为感染病菌最佳的养料，成为病菌繁殖的培养基地。所以给孩子服用强力镇咳药，有可能会使痰液无法及时排出。痰液因此滞留在体内，反而容易引发二次感染，导致肺炎等更严重的呼吸道感染性疾病。

在中医里对于小儿有痰的咳嗽，一般采取清肺化痰、燥湿化痰、行气化痰等多种止咳的方法治疗，药物的治疗我就不多做介绍了，因为这部分是医生的事情。家长就要问，在家有没有什么办法能够帮助孩子排痰止咳。

给大家介绍一个食疗方——冰糖梨水，相信大多数读者朋友都非常的熟悉。我还是需要和大家强调一点，其实任何食疗的方法都是起到辅助治疗的作用，是对专业医疗救治的一个补充，肯定是不能完全代替药物的作用。所以在咳嗽有痰的早期，或者孩子症状还比较轻微的时候，可以试试用一些食疗的方法解决病痛，但是当孩子症状比较严重时，千万不可只用食疗的方法，这样对于孩子疾病的转归没有任何好处。

推荐食谱：冰糖梨水

适合孩子：8个月以上。

冰糖梨水制作方法：选用白糖梨1个，洗干净，无须去皮，连皮一起切成直径约3厘米的小块，去核，放入清水中。然后将块状的梨子炖煮，起锅前3分钟内放入冰糖。炖煮好后，去除煮成糊状的梨块，留取汤汁，每天晚上临睡一小时前让孩子服用。

当然，为了避免咳嗽，最好还是做好预防。家长在家肯定都给孩子尝试过，但并不能够坚持，其实食疗对于疾病的预防，需要一个持之以恒的过程，才能取得疗效。冰糖梨水对于孩子燥咳、干咳有非常好的预防作用，家长朋友们可以在咳嗽的高发季节——秋季，每天给孩子饮用一碗，防止孩子出现咳嗽的症状。

　　我家孩子四岁半的时候，正是秋冬交际之时，北方的天气非常的干燥。我也和广大的家长朋友们一样，生怕孩子出现咳嗽的症状。前几年的时候，孩子每年到了这个时候都咳个不停，全家人都被折腾得要命。

　　那时我还年轻，认为食疗只是一种辅助的疗法，我身为医生，孩子生病了有我在，怕什么，也就从来不注意疾病的预防。被孩子折腾了几次后，觉得不能犯懒。虽然上班回到家里非常的累，但是也不辞辛苦地给孩子煮冰糖梨水喝，我们大人也喝一点。

　　我去上班之前将冰糖梨水准备好，让孩子的姥姥在家每天给孩子喝点冰糖梨水，因为每天饮用的量比较大，所以可以少加一些冰糖，口感好，孩子也爱喝，利咽润肺效果还是不错的。那年整个秋冬季节过去了，我惊奇地发现孩子除了因为天气太冷而出现一些流鼻涕的症状之外，还真没有出现什么咳嗽的症状。那时起，我就感觉食疗的方法对于疾病的预防作用还挺明显的。在临床上我也就经常向带孩子来我这里就诊的家长朋友们推荐食疗的方法，预防治疗疾病。

8.

咳嗽总不好，家长要小心小儿变异性哮喘

前面介绍小儿长期咳嗽的时候，需要小心的一些疾病，其中有一个就是小儿变异性哮喘。这节内容就详细地给广大的家长朋友们介绍一下这个疾病，很多家长朋友对这个疾病一定不会陌生，因为孩子出现反复咳嗽，医生就会考虑咳嗽变异性哮喘这个疾病的。一般会检查一下过敏原、肺功能。小儿变异性哮喘也属于哮喘，只是表现为咳嗽，没有明显的喘的症状，治疗用药和哮喘是一样的，用药时间要短。同样存在过敏的问题。接触过敏原也会明显咳嗽，也可表现为揉眼睛、皮肤痒、流鼻涕、眼睑红等过敏的症状。常见的过敏原以吸入性的为多，包括花粉、尘螨等。所以带有小儿变异性哮喘的孩子去郊游野营，就要注意了。

小儿变异性哮喘的发作也和年龄有关系，当孩子还小的时候，只要家长稍不留意就会出现咳嗽的症状，治疗起来又很不容易，随着孩子的年龄增长，免疫功能的完善，小儿变异性哮喘发作的次数会越来越少，大部分会完全缓解。在临床上对于小儿变异性哮喘最好的治疗方法就是控制变态反应炎症，另外避免接触过

敏原，常会用一些吸入性的药物缓解小儿咳嗽、哮喘等症状。

中医对于小儿变异性哮喘有自己独特的治疗方法，我妹妹家的孩子小时候也这样，整晚一直咳嗽。第一次犯病的时候，由于我是儿科医生，所以妹妹就会找我给孩子做一些治疗，刚开始也是以普通的外感咳嗽来治疗的，尝试了很多的治疗方法，西医的、中医的用了个遍，又是拔罐，又是按摩，反正所有能用的方法统统都用了一遍，基本没什么疗效，孩子晚上就是咳嗽得睡不着。

我当时就纳闷，心里想，自己在临床上给别人的孩子治疗咳嗽，一治一个准儿，碰见自己小外甥，怎么就不灵了，难道真的是"医不自治"，就简简单单的一个咳嗽，我前前后后给小外甥治疗了这么久，就是没太大的作用。那时还比较年轻，临床经验不是很丰富，对咳嗽变异性哮喘认识不深，后来咨询科里的医生："会不会是小儿变异性哮喘啊，这么久都没治好。"一语点醒我啊！

有一天凌晨晚上10点多，小外甥又开始咳嗽，我妹妹连忙给我打电话，那天正好我值班，她家离医院也比较近，我就让她带孩子直接来医院，做了雾化，用了解痉药，孩子很快就咳得轻了，证实了咳嗽变异性哮喘的判断。我当时给孩子按摩定喘穴，同时告诉妹妹怎么找，首先在小外甥身上后正中线，第七颈椎棘突下定大椎穴，旁开0.5寸处找到定喘穴，用拇指的指腹深按并揉。让她每天坚持揉按，配合推膻中，按弦走搓摩胁肋部。

第二天小外甥的咳嗽渐渐减轻了，我又给孩子查了一下过敏原，果然是对花粉过敏，我就让妹妹少带小外甥去郊区或公园玩耍了，特别是在春秋的季节，这是过敏性疾病的高发时期，更要特别注意。

随着小外甥一天天地成长，家长又坚持按摩。他犯小儿变异性哮喘的次数越来越少，我至今也忘不了在治疗小外甥咳嗽时受到的启发。有些时候就是这样，偶尔闪现的一个念头就会给我们带来进步。

第五章

厌食和积食，
让父母头疼的两个问题

1.

孩子不爱吃饭是令人头疼的现象

　　孩子不爱吃饭，对于广大的家长朋友是非常烦人的问题。我在出门诊的时候也会经常听见有些家长朋友在抱怨："我家宝宝就是不爱吃饭，每次到了吃饭的时候，就和打仗一样，端着碗跟在孩子后面哄。孩子一口饭含在嘴里，到处闹腾，就是不咽下去，搞得大人身心疲惫。"有些家长被弄烦了，就会对孩子大发脾气，孩子一哭闹就更喂不下去了，久而久之就形成了恶性循环。

　　记得一位护士就有这样的烦恼。有天中午，我结束门诊回到医生办公室，看见小护士坐在连接外网的电脑边上，查询孩子不爱吃饭的食疗方法。我就和她开玩笑道："为人父母，这么敬业，忙里偷闲学习育儿方法。"

　　小护士转过头看了我一眼，苦恼地说道："哎，没办法，现在家里孩子真是小皇帝，整天在家闹腾，喂个饭和要他小命一样困难，姥姥在家喂一次饭累得腰酸背痛的，整天和我抱怨。"

　　原来这个小护士家里的孩子这段时间出现了不爱吃饭的现象，她家孩子已经三岁多了，正是淘气乱跑乱跳的年龄，原来小的时候还好些，因为孩子不会乱跑，还能够待在一个地方，也能坐在小板凳上给孩子喂食。现在孩子长大了，还更麻烦了，喂饭的时候满院子瞎跑，家长端着碗在后面追，孩子还矮，家长还得弯着腰，白天是家里老人给看着，老年人本来腰腿就不好，天天这么折腾，肯定吃不消。

小护士边埋怨，边叹气，觉得孩子吃饭这个问题真是让人头"大"。面对这种情况，我也非常地理解，孩子不吃饭首先对孩子的生长发育有一定的影响，谁不想自家的孩子能够长得强壮一些啊。再者孩子不吃饭对于家长朋友也是一种煎熬，家长看在眼里，疼在心里，总想找一些立竿见影的方法帮助孩子进食，都恨不得自己能够代替孩子吃饭。

其实孩子出现不好好吃饭的现象，是由很多原因造成的，也和家长有莫大的关系，例如饮食的习惯、添加辅食晚或单一，导致偏食，大量喂食出现食积等（在后面会详细地介绍），这也有很多的方法能够治疗。对于孩子出现问题，家长朋友们一定要有足够的耐心，不能轻易就打骂，这样不仅不能解决问题，还有可能造成孩子厌恶进食。

我听完小护士的抱怨，就笑着劝解她："家家都有本难念的经，你也别太着急了，不会吃多了吧？"小护士无奈地笑道："哎，孩子不爱吃饭，真是很令人头疼啊，崔医生，你们有没有什么好办法啊？"

"小孩出现不爱吃饭的现象有很多的原因，你哪天有空把孩子带过来，我帮着看看，小孩子的问题其实也好解决，别太担心。"

小护士一想也是，高兴地说道："我怎么这么笨呢，还在网上搜，科里这么多儿科专家，明天我就带孩子来看看，崔医生就麻烦您了啊。"我点点头说："不麻烦，都是一个科里的同事，没什么不好意思的。"

　　之后这个小护士带孩子来，我查清楚病因后，用了个办法很快就解决了孩子不爱吃饭的问题，这是后话（后面对孩子的厌食治疗有详细的介绍）。从小护士的例子就可以看出来，孩子不爱吃饭对于专业的医护人员都是个很头疼的事情，更何况是我们普通的老百姓呢？所以广大的家长对于孩子不爱吃饭的问题要引起足够的重视，养成习惯之后就很难改掉了，一定要趁早解决，以防后患。

2.

偏食厌食，先看看家长的喂养习惯正确吗

孩子出现厌食、偏食，其实和广大家长朋友平时的喂养习惯有很大的关系，有些完全是家长朋友们自己造成的，还怪孩子挑剔难养。

我在临床上常听一些家长朋友们抱怨："别人家的孩子如何能吃，而自家的孩子一上饭桌就变得拖拖拉拉，吃什么都提不起兴趣，想让孩子吃一口，和求爷爷告奶奶一般难，连哄带骗也不奏效。"孩子偏食、厌食是让广大的家长朋友们最头痛的事情。问题一旦发生，家长不是忙着带孩子上医院检查，就是暗地里琢磨，费尽心思地准备菜肴讨孩子的欢喜，往往收效甚微。

家长朋友们有没有考虑过是自身喂养习惯的问题呢？有些家长喂养孩子的习惯非常的不好，现在我就给大家普及一些不好的喂养习惯，这是我几十年在临床上总结出来的。

❶ 吃饭的时候不专心

有些家长在给孩子喂饭的时候，老是纵容一些孩子的行为，例如孩子喜欢吃饭的时候玩玩具、看电视等，这些都是孩子十分不好的进食习惯，很容易造成孩子进食不专心，注意力不放在饮食上。特别是家里的老人，对孩子更是纵容，经常跟在孩子的屁股后面喂饭，我在小区里频繁地看见老人端着碗，追着孩子满院乱跑，这样都非常容易影响孩子的食欲，造成孩子吃饭分心。

我建议家长朋友们在喂孩子的时候，要将孩子的注意力集中到饮食上来，将玩具收起来、把电视机关掉，让孩子安安静静地坐在板凳上再给孩子喂饭。当孩子非常乖地进食时，一定要在语言上给予鼓励，让孩子有一种荣誉感。

❷ 以自己的喜恶来影响孩子

家长朋友们本身对于事物就有一定的喜恶，自己喜欢的饮食就认为是对孩子健康成长有很大帮助的，所以就会鼓励孩子多进食。自己不喜欢吃的东西，就认为对孩子是一无是处的，坚决不会让它在餐桌上出现。久而久之，孩子有样学样，跟着家长对饮食产生了很大的偏好，并且和家长的偏好很类似，只喜欢吃某一些食物。有些家长朋友们还浑然不知孩子已经出现了偏食的现象，觉得孩子随自己挺好。

我建议家长朋友们平时在给孩子准备膳食的时候，一定要注意饮食的全面，营养的丰富，不要让孩子觉得有些食物是好的，有些食物是不好的，其实每种食物都有它自身的作用，要均衡地摄入，注意"吃足，吃全"，这样孩子才能补充自身成长的全部营养素，从而健健康康地成长。

❸ 孩子吃饭特殊化

为了能够给孩子专心地喂饭，有些家长朋友会将孩子的喂食放在家长的进餐前或者进餐后，专门留出一些时间给孩子喂食。其实，孩子的进食也需要一个良好的氛围，例如我们大人出去就餐，一个人吃的时候就会觉得索然无味，吃不下多少，当有很多人在一起聚餐时，不知不觉就会吃得很多。孩子吃饭也是一样的道理，当全家人在一起吃饭时，就会给孩子营造一个吃饭的氛围，孩子也会觉得进食非常地有趣，如果一个人独自吃，就有点索然无味了。

我建议家长朋友可以将孩子的喂食放在全家进食中，给孩子安排一个固定的座位，鼓励孩子和全家人一起进餐。当孩子还不能独自进食之前，家长朋友可以边喂孩子吃饭，边自己吃，当孩子掌握基本的吃饭技巧之后，家长可以放手让孩子尝试自己用餐。我家孩子刚开始不会用筷子，就让他用手抓着吃，给他胸前挂着一个围嘴，能够兜住掉下的食物，往往吃到中途，就得给他的围嘴清理一次，因为全装满了，家长朋友们一定不要怕麻烦，这样可以尽早地训练孩子养成自己吃饭的好习惯。

❹ 零食随便吃

最重要的一点就是现在广大的家长朋友们对孩子过于溺爱了，孩子在很小的时候就给他买了很多的零食，以为这样就是一种对孩子爱的体现。有些时候带孩子去商场、游乐园玩耍的时候，总是满足孩子各种各样的要求，给孩子买各种各样的零食。其实中医认为，"五味"中的甘味（甜味）是最影响食欲的，因为甜属黏腻之品，很容易造成孩子食欲下降，影响孩子的进食。

我建议家长朋友们带孩子出去玩的时候，一定要管住自己的"仁慈之心"，对孩子的一些无理要求，一定要狠心拒绝，以免养成孩子只要出去玩就会吵闹要吃零食的习惯。零食作为食物也是会占据孩子的胃部的，零食吃得多了，正餐自然而然就吃得少了，长此以往，孩子就会把零食当成正餐而放弃真正的正餐了，这样对孩子的健康发育有不利的影响。

这些就是主要的几种不良的喂养习惯，广大的家长朋友们可以在自身上找一找原因。还有一些不常见的喂养习惯，我就不在这里一一列举了，希望广大的家长朋友们可以从自身做起，给孩子养成良好的进食习惯，帮助孩子健康成长。

3.

缺少微量元素也会导致孩子胃口差

现在随着医疗广告的泛滥，还有朋友圈里传播的一些不靠谱的医疗保健知识，越来越多的家长朋友们被带进一些误区里，我每次出门诊的时候都会碰见一些家长朋友们，看了广告宣传到医院来咨询就诊，也常有几位家长要求给孩子做微量元素检测，其中有很大一部分家长认为孩子身体不健康，主动要求医生做检查。我每次都抱有这样的疑问，怎么都想做微量元素检查？

后来听了一位家长的陈述才知道，原来有一个电视广告里说孩子吃饭不香是因为孩子体内缺微量元素，家长看完广告，觉得自己的孩子就是这种情况，所以带孩子来检查，查完之后会觉得广告说得真对，孩子缺的微量元素还不少。

其实孩子的胃口差，和微量元素有一定的关系，但不都是因为微量元素缺乏。这些微量元素的检测结果只具有参考和辅助的作用，必须结合孩子的临床症状、体征和其他检验指标来综合判断，比如有的孩子明明出现了缺锌的症状，但微量元素检测结果可能是完全"正常"。

161

我每次出门诊都会碰见不少家长朋友们自愿要求为孩子做微量元素检查，他们多数认为孩子吃得不好、营养差、生长比较慢与微量元素缺乏有很大关系。其实一些孩子的饮食性疾病确实与微量元素缺乏有一定关系，不过微量元素只是营养素里少量的一部分，不能全面反映营养缺乏的程度。

对于微量元素的检查一定要根据孩子身体上某些异常的症状，由专业的儿科医生来给出孩子有没有检查微量元素缺乏的必要，为疾病诊断提供帮助。

不得不感叹现在广告的宣传效果惊人，让广大的家长朋友们已经深深植入了孩子吃饭胃口不好就是缺少微量元素的概念，这样就可以鼓动家长去买儿童保健品。其实在临床上一开始就诊时，医生不会直接指出孩子是缺少微量元素导致的食欲不佳。肯定会从各方面综合判断考虑的，我曾经就在临床上碰见过一例这样的患儿。一个五岁半左右的男孩，因为胃口不好在我这里就诊已经两周了，就是不见好转。孩子每次吃饭都是磨磨蹭蹭的。

我给孩子的家长进行了小儿喂养方面的宣教，孩子的家长也表示回家之后会对孩子的喂养习惯进行纠正。孩子也挺乖的，每次吃饭都安安静静地坐在小板凳上，吃得不是很多，每次小半碗就感觉饱了。

家长看在眼里急在心里，中药也吃了，按摩也做了，治疗了两个多月也没有什么效果。其实我看见自己的病人没有康复，心里也挺着急的。家长带着孩子来我这第三次就诊时，我查看了孩子的面容，还是有些蜡黄，头发也稀疏，有点发黄，没有光泽。

当时有个念头闪过我的脑海："孩子可能是缺锌啊！"我又问家长："孩子平时有没有一些奇怪的习惯，例如啃指甲等。"家长朋友仔细想了想，惊讶地说道："是啊，指甲都不用剪。而且还有个习惯，就是喜欢撕纸张，然后放在嘴里。我们都以为是他觉得好玩，所以也没在意，崔医生，这也有问题啊？"我沉思了一会儿，一边给孩子开了一个微量元素的化验，让家长朋友带着孩子去做，一边说道："孩子有可能缺锌。"

化验结果回来后果然不出我所料，孩子体内就缺少锌这种微量元素。除了给孩子开了一些健胃消食，开胃健脾的中药服用之外，我还给孩子开了一种补锌的药。给家长介绍了几种富含锌元素的食物，例如海鲜贝壳类、猪肝、坚果等，进行一些食疗。

又过了一周，孩子的家长又带孩子来复诊了，我当时在电脑里看见这位孩子的名字的时候，内心是忐忑的，因为担心孩子的症状还没有出现好转。没想到，孩子刚进诊室就笑着跑过来，爬上诊桌，亲切地喊我："崔阿姨好！"家长随后跟了进来，说："连续跑了快三个月的医院了，还好碰见了崔医生，不然到现在都不知道孩子是啥原因出现的食欲不振。现在孩子完全好了，每次吃饭都能吃满满一大碗。"

听见孩子的家长这么说，我的心一下子落了下来，松了一口气，笑着回答："孩子没事了就好，你也不用为吃饭纠结了，回去继续把剩下的中药吃完就可以了。"家长带着孩子开开心心地回去了。这次考虑到孩子已经反复就诊，就没有再做检查，以后还是要考虑全面啊！

4.

想要消化好，不要忽视孩子用餐的情绪

孩子吃饭时食欲的好坏，一方面和家长准备的饭菜是否可口有关，另一方面和孩子的就餐情绪与就餐环境相关，这些直接关系到孩子对食物的消化作用。

有些家长朋友们会盲目地认为只要孩子将准备好的食物全都吃了，孩子就能健健康康地成长了，其实不然，孩子吃下去了，但是身体并不能完全地消化吸收食物中的营养成分，这不一样影响孩子的健康吗？

所以也需要顾及孩子就餐时的情绪，例如孩子在大哭吵闹的时候，尽可能避免喂食。因为情绪对孩子消化道的影响非常的重要，我们在临床上对于胃肠方面的疾病，通常会讲到一个诱因就是情志致病，过激的一些情绪因素会对消化道产生一些影响。中医认为情志导致肝气不舒，进而影响脾胃。

孩子的消化系统还没有发育完全，对于外界的刺激甚是敏感，情绪的小小波动都会造成孩子消化不良。所以家长在喂养孩子的时候，不但要考虑饭菜的色香味俱全，还要兼顾孩子的心理因素。

曾经有个熟人带着孩子来找我看病，孩子没别的什么毛病，就是觉得肚子不舒服，特别是在进食以后，觉得肚子憋胀得难受，有些时候打了一两个饱嗝就会感觉好一些。

我仔细询问了孩子的情况，这位家长居然说："不太清楚啊，得问问家里的保姆。"然后就给家里的保姆打电话，我就向他家里的保姆询问了一些关于孩子的情况。原来这个家长平时非常繁忙，经常不着家，孩子的妈妈去世得早，每天家里就保姆和孩子两个人。

保姆在家就给孩子准备一些可口的饭菜，但是孩子还小，本来就缺乏母爱，在幼儿园的时候又不大合群，到了晚饭回家吃饭的时候，父亲还在外面应酬，不能和孩子一起用餐。一栋大别墅显得空落落的，没什么人气，孩子每次吃饭的时候情绪就比较低落，总是问保姆："爸爸什么时候回来啊？"听着就让人心疼。

问完之后，因为和这位家长已经比较熟悉了，就批评他说："你这样可不行啊！没尽到做父亲的责任，光顾着赚钱可不行，对孩子的陪伴很重要，否则以后会后悔。"这位家长连忙说："这一点我确实做得不够，实在是工作太忙了，整天不着家，以后注意。"

我又接着说："孩子这是出现了消化不良的症状，很大程度是情绪导致的，得回去多陪陪孩子，照顾孩子的感受，情绪是导致孩子出现这种症状的主要因素。"这位家长听了之后，觉得很不好意思。

孩子出现这种症状其实是消化功能不良，胃肠蠕动减弱了，进食之后，食物在胃肠部堆积，不能向下排空，所以就出现了腹胀的症状，打嗝后症状就好一些，所以孩子会感觉到舒服一点儿。

我让这位家长回去之后一定要陪同孩子一起用餐，这样就可以消除孩子情绪上的诱因。然后我教给孩子的家长一个按摩腹部的方法，用右手的掌面紧贴孩子的腹部，做顺时针的按摩动作。因为胃肠蠕动的方向就是顺时针，所以这样能够促进胃肠蠕动，帮助食物向下排空，减轻孩子腹胀的症状，改善消化不良。

两周之后，这位朋友给我来电话了，说要谢谢我，这两周他天天回去陪孩子吃晚饭，周末都没敢出去应酬，孩子真的感觉好多了，吃饭都香了，腹胀的症状也减轻了许多。我说："别光顾着赚钱了，孩子就一个，身体出了问题，你有再多的钱都买不来孩子的健康。"他不好意思地说："放心吧，以后肯定注意了，我会抽出时间尽量多陪伴他的。"我笑了笑说："能认识到就好，有什么问题就来找我。"

年龄再小的孩子也是有情感的，广大的家长朋友们平时也要注意孩子的情感表达，别让不良情绪影响孩子的健康成长。

5.

忽然厌食，可能是孩子积食了

前面的章节已经讲了小儿厌食的很多原因，还有一种就是疾病引起的，那就是积食。如果孩子平时饮食非常的好，突然之间对饮食失去了兴趣，就算是平时喜爱吃的零食也突然不爱吃了，这时候家长朋友们就需要警惕孩子是否有积食的情况了。

孩子由于年龄小，常常不能控制饥饱，家长一下没有看护住，就经常会干一些出格的事，尤其是吃了家长强调不能吃或多吃的东西，即便出现了不舒服，孩子担心家长的批评，不敢告诉家长，总是自己默默忍受着。但是身体的反应却是最真实的，孩子出现积食之后，食欲会骤减，基本上不愿意进食，这时候家长朋友们要提高警惕，不能当普通的厌食来看待了，需要和孩子或照看孩子的老人进行沟通，及时地发现孩子的积食。

我在临床上就会碰见这样的小患者，记得前些年，有个家长带着孩子来找我看病，这位家长走起路来都感觉带风，一进门就抱着孩子坐在椅子上，一看就

167

是个急性子，看着也比较严厉。我先看了孩子一眼，是个五岁多的小男孩，面色有点发黄，两侧脸颊部位上有明显的白色斑块。然后问道："孩子哪里不舒服啊？"

这位家长说："哎，也不知道怎么了，孩子这段时间什么都吃不下，吃得不好也就算了，晚上还闹腾，睡不着觉。"经过我耐心地询问，得知这个孩子之前没有这方面的毛病，只是最近一周才出现了厌食的症状，对于任何的食物都不感兴趣，就算是对他以前爱吃的一些小零食也失去了兴趣，更不用说一日三餐了。

家长开始还不以为然，认为是孩子偶尔出现的一两次厌食，是淘气造成的。之后孩子整天不吃东西，家长才开始着急，也不知道是怎么回事，于是就带孩子来医院就诊。

听完这位家长的描述，我根据孩子的症状体征，当时我就考虑是积食造成的，于是我又问："孩子出现不爱吃东西之前的饮食有什么变化？"家长一脸疑惑，仔细想了想，然后回答道："没有什么不同啊，都是在家里吃的饭，一日三餐，每顿都是精心准备，为了这个孩子，我可是操碎了心……"说着说着，这位家长又开始抱怨上了。

从孩子的表现上看，的确就是积食，被家长否认了之后，我就问孩子："现在是不是很难受啊，为了快点好起来，跟阿姨说实话吧，之前你有没有偷吃零食吃得比较多啊？感觉吃得很撑？"

孩子一脸委屈地看着我，然后看了妈妈一眼，眼泪都下来了，向我们道出了实情。原来孩子上周在幼儿园的时候，班里有同学过生日请大家吃蛋糕。平时这个孩子的家长对孩子管理比较严格，不让孩子过多地吃这些甜食，这次突然有个机会能够吃蛋糕，孩子也就放开了，一口气吃了很多蛋糕，好好满足了一下自己的味蕾。

　　孩子吃完之后回家怕被家长发现，于是在吃饭的时候，也按照平时正常的量吃了很多的主食。吃的时候还不觉得不舒服，吃完之后，孩子就觉得腹胀难受，晚上睡觉的时候，自己还偷偷摸摸地跑到洗手间呕吐了好几回，家长也没有发现。自从那天以后，孩子就不爱吃饭了，出现了厌食的症状，孩子怕家长责骂，也就没告诉家长实情。这次来就诊，才委屈地说了出来。

　　家长听完孩子的陈述之后，都惊呆了，不好意思地对我说："都是我们平时管的比较严，又大意了，才没能及时地发现孩子的病情。"我笑着劝解道："以后多和孩子交流，孩子有问题才愿意和你们说。一般忽然间的厌食，大多是孩子积食造成的，以后注意点就行。"

　　找到病因之后，随后的治疗也就很容易了，我除了给孩子开了一些消食健脾的中药之外，还给家长介绍几种治疗小儿积食的中医诊疗方法（之后的章节会详细介绍），让家长回家之后按照方法给孩子进行施治，辅助药物治疗。

6.

积食也会引起孩子发热

　　孩子一出现发热的症状，大多数的家长就会认为是不是感冒了，然后就会给孩子吃各种各样治疗感冒发热的药物，使得孩子的症状越来越重，体温也越来越高，最后不得不去医院治疗。其实孩子出现发热的症状，不一定是外感受邪导致的感冒发热，虽然这种情况比较常见，但是也有可能是其他原因导致的，家长要注意鉴别，例如积食也可以导致孩子出现发热的症状。

　　有些时候孩子的年龄比较小，不会用语言进行表达，因为积食出现发热之后，家长也就会误认为孩子感冒了。所以在这节内容里，我就教给广大的家长朋友们一个辨别孩子积食发热的方法。

　　孩子出现积食发热，和普通的感冒发热在症状上有很大的不同，首先就要看舌苔，一般孩子的舌苔厚腻，没有咳嗽、咯痰等表证，但是消化道的症状却很严重，小孩肚子胀得像小西瓜一样，大便也出现异常，要么干燥难解，要么臭秽不堪，不让按肚子，一按孩子就感觉特别的不舒服。

　　如果出现了这些症状，广大的家长朋友们就需要耐心地询问孩子的饮食情况，有些是孩子在外面胡乱吃喝，在家长朋友们不知情的情况下导致的积食；有些是家长不小心喂多了，假如症状加上询问的结果都吻合，那基本就可以断定孩子发热是积食引起的。

　　在临床上也很容易对积食引起的发热造成误诊，一方面是由于碰见发热给医生的第一个印象就是感冒引起的，如果再加上一些表证的症状，临床上病人比较多，很容易就忽略过去了；另一方面是由于孩子年纪小不懂得表达，所以也有可能造成误诊，在临床上对于小儿发热就需要小心又小心，谨慎又谨慎。和广大的读者朋友们分享一个小故事吧，是我在临床上碰见的真实事例。

　　曾经有一个3岁的小男孩，发热四五天了，血常规结果显示白细胞一万多，再加上孩子有一些咳嗽的症状，孩子的家长也在旁边说："这两天天气变化太快，可能着凉了。"从孩子的症状加上家长的描述很容易让人觉得是着凉引起的呼吸道感染。抗生素、常规治疗感冒的药物也都用上了，但是热还没有退下来，我继续追问："这两天孩子的饮食和大便怎么样？"家长的回答让我更加地警觉："孩子这段时间饮食一直都不好，吃不下东西，好像有五六天都没排便。"

　　然后我看了舌苔脉象，并在孩子的腹部做了叩诊，孩子的小舌苔厚腻，指纹滞，腹部胀鼓鼓的，肯定是积食引起的发热。因为持续发热不退，家长急得不得了，今天来我这要求输液治疗。我和她解释孩子已经口服几天抗生素没有退热，并不是换个输液方式就能解决问题的，得解决孩子积食腹胀、大便不通的问题。

　　于是我给孩子进行了捏脊等一系列的消食运脾的治疗，刚开始我没敢开汤药，因为孩子本来就吃不下，用的都是一些手法按摩治疗，想办法让孩子排便。

　　孩子的体温较高，我用中药药浴的方法。经过治疗，孩子当天排便了，体温也下来了。中医把通便退热的方法比喻为"釜底抽薪"。

7.

深掐小儿四横纹，中医疗法治积食

现在随着医疗知识的普及，以及大家对非药物疗法的认可，越来越多的家长希望通过推拿等不用吃药的办法解决问题。相信很多家长朋友碰见积食，第一反应就是给孩子做捏脊。是的，捏脊又称为捏积，可以治疗小儿的积食，对调理脾胃有很好的疗效。前面的章节里详细介绍过捏脊的方法，在此就不介绍了。有的家长朋友可能会问，如果孩子现在已经积食了，有没有一种简单的方法，能有效地改善孩子积食的问题？

除了捏脊之外，儿科有个特别有效的穴位叫四横纹。积食在中医里有个专业的名词，积食如果治疗不好，久而久之还会形成"疳积"。过去的孩子由于生活条件的影响，患疳积的孩子很多，这种疾病严重影响孩子的生长发育，被列为古代儿科的四大要证之一，其中用点刺四缝的方法就可以很好地治疗疳积证。

虽然现代生活条件好，疳积的孩子已经明显减少了，但是因为喂养不当，导致积食的孩子也非常多。孩子一积食，就会引发出很多其他疾病，比如有的孩子一感冒就走嗓子，容易引起高热和扁桃体化脓，或者容易出现咳嗽、咯痰，这些从根本上找原因，都能发现积食的影子。

我在上学实习时的带教老师一直就非常善于运用四横纹治疗孩子的疾病。我有一个小学同学，他结婚比较早，在我读大学的时候孩子都2岁了。有一次他带孩子来找我带教老师看病，孩子这段时间食欲不佳，吃不下饭，就连零食也不吃了，一摸腹部胀满明显，并且大便臭秽不堪，不停地打饱嗝。

原来他带孩子去参加村里亲戚的婚礼，孩子觉得新鲜又好玩，农村结婚时都在自己家办流水席，烧的菜都是用一些土鸡、土鸭，所以菜肴都十分的鲜美，孩子在城市里生活惯了，没吃过这么新鲜的，就拼命地吃。回家之后孩子就感觉不舒服了，肚子胀得难受，晚上睡觉的时候都平躺不下，哇哇地吐了好几次，折腾一宿才安宁。从那以后，孩子就不爱吃东西，每次吃饭就摇头，因为正是长身体的时候，所以父母也非常的着急。

后来看到我带教老师的简介，慕名前来就诊，带教老师先检查了一番，然后让我去护士站拿了一个注射针头和无菌纱布，先抓住孩子的小手，将手掌打开并握紧，防止孩子因为疼痛动弹，用针头点刺四横纹，并且挤出一些黄白色的东西，带教老师一边操作一边和我解释："这叫扎四缝，四缝属于奇穴，对孩子的积滞、疳积效果明显。"带教老师一边挤，一边用无菌纱布擦拭。

这次治疗完后，我同学半信半疑地带孩子回去了，过了两天就特意打电话来感谢我的老师，夸带教老师医术高明，没吃药没打针就简简单单地用针刺了几下，孩子的病就好了，现在食欲恢复如前，吃饭也特别的香。

那么这个四横纹在哪里呢？它不是一个穴位，而是四处地方，位于手掌面，食指、中指、无名指和小指的第一指间关节横纹处。

四横纹穴

医院的医生有时候会用毫针或者采血针分别点刺四横纹穴，配合捏脊治疗孩子的积食，效果很好。但是如果自己在家里，不建议点刺，可以推拿。

具体做法是，我们用大拇指的桡侧在四横纹穴左右来回推，称为推四横纹；用大拇指的指甲依次掐四横纹，然后用揉法，称为掐四横纹。力度可以稍微重一些，但要以孩子的承受力为度，广大的家长朋友们也可以先在自己手上试做一下。一般推四横纹的话，100～300次就可以了；掐的话，3～5次，具体根据孩子的耐受情况来调整。它可以消胀散结，退热除烦，调和气血，除了改善孩子积食现象，对反复咳嗽的效果也很好。

8.

小零食对抗积食，安全又有效

前面的章节已经详细介绍了积食的症状判断等情况，还有用推拿按摩的手法治疗积食，有些家长朋友们来到我这里就诊的时候，总是说用食疗的方法治疗小儿积食。对于小儿积食，我是不怎么赞同用食疗的方法，因为孩子本来就积食，肚子吃的鼓胀难耐，就算是灵丹妙药，我在临床上都会斟酌一番，更何况是额外的食物。

对于积食，其实我喜欢用的一招就是饥饿疗法，有些家长朋友们喜欢在晚上给孩子加一顿辅食，例如给孩子喝杯牛奶，吃个鸡蛋、蛋糕等，我一般会劝家长朋友们不这么做，就算孩子晚上睡前出现饥饿的症状，也不要给孩子吃任何东西，因为晚上就是孩子脾胃休息的时候。

但是什么时候可以用食疗的方法治疗积食呢？一种是为了预防孩子出现积食，给孩子预防保健用的，另外一种就是积食的初期或者轻微的积食，这些都可以用一些食疗的方法消除积食对孩子的危害。

介绍一个小零食给广大的家长朋友们吧，其实大家都应该知道，那就是山楂片。为什么选用山楂片来治疗和预防小儿积食呢？有两方面的原因，首先就是它独特的口感，现在的工艺让山楂片变得越来越适合孩子食用，微微带甜，酸而不腻，一般孩子都很爱吃。其次就是山楂具有和胃消食健脾的功效，对于肉食和谷物造成的积食有很好的疗效。

我家孩子也出现过积食的情况，记得那年他才五岁半，已经上幼儿园了，因为长大了，觉得能离得开我们了，暑假就把他送到爷爷、奶奶那儿，请他们帮我们照顾，也让老人开心开心。

孩子也高兴得不得了，因为在爷爷、奶奶那儿没人管着他，可以更随性自由了。

可能孩子在我们这里被约束惯了，到了那里爷爷、奶奶对孩子是百般疼爱、百依百顺，尽最大的努力满足孩子的各种要求，我都可以想象孩子这一周过得有多么的逍遥自在。

等我们过去接孩子的时候，发现孩子居然出现了积食的情况，不喜欢吃饭了。我当时就对孩子说这两天我不在家，是不是过得太逍遥了，又开始不听话了。孩子的爷爷、奶奶赶忙过来打圆场说："别回来就说孩子，正长身体的时候，孩子不能缺嘴，想吃什么就吃，嘴壮我们看着高兴。"原来爷爷、奶奶带着孩子去了趟商场玩耍，又是吃冰激凌，又是吃肯德基、麦当劳，回来食欲就不太好了。

我也不能责怪二老，连忙说："没事，孩子平时出现一些不舒服的症状也很正常，我本身就是儿科医生，不用过于担心。"我看孩子只是略微有些积食的症状，并不是很严重，于是让孩子过来，然后说："吃不下饭就别吃了，你不是喜欢吃零食吗？妈妈给你买零食吃，平时空闲的时候就放两三片在嘴里嚼着吃，也别多吃，吃多了太酸，对牙齿不好。"其实当时我给孩子买的零食就是山楂片，孩子听了也挺高兴，委屈地说："妈妈，我不吃饭，光吃零食，你不会说我吧？"我摇了摇头，连忙说道："肯定不会的。"

又过了一个周末，我们再次带孩子回老人那里的时候，老两口还挺不好意思，我们刚进门，还没有换鞋，就问孩子的情况："孩子这两天好些没有，吃得下东西了吧。"我一边换鞋，一边连忙回答："你们还记得啊，你们不说，我都快忘了，孩子吃了几天山楂片就全好了，没什么事了，放心吧。"

对于山楂片治疗积食，我再强调一点，如果吃几天效果依然不好，或是严重的积食，或出现发热的时候，就不要再继续使用山楂片来缓解孩子的症状了。因为此时疾病已经比较严重，用山楂片早已不能解决孩子的病痛，反而会加重孩子的病情，请家长朋友们切记！

9.

用栀子、山楂、淡竹叶、陈皮泡茶，消除积食发热

上一节内容介绍了用山楂片预防治疗小儿的积食，还有没有其他的方法呢？答案是肯定的，用栀子和淡竹叶泡茶给孩子喝，也可以消除孩子积食的症状，和山楂片有异曲同工之妙。

用栀子、山楂和淡竹叶泡水给孩子喝，对于小儿出现的积食发热又不严重的情况，疗效还是肯定的，是山楂片无法达到的。

淡竹叶性属甘、寒，甘淡渗利，性寒清降，善导心与小肠之火下行而利尿通淋，使热随小便而解；《本草纲目》中对栀子就有记载："去烦热，利小便，清心。"栀子苦寒清降，通利下行，善导心肺三焦之热下行而利小便，有良好的清热除烦的功效。陈皮行气化痰，运脾和中，山楂消食和胃，上一节内容已经详细介绍过山楂的功用，对于肉食、谷物造成的积食有很好的疗效。

小儿积食出现的发热是由于食积肠胃导致食滞化热，积热发于体表，而栀子具有可以治疗积食导致的郁热，淡竹叶利尿，引热下行，山楂消食和胃。

我们在临床上用栀子和淡竹叶泡茶，在上焦，清肺热、清心热；在中焦，清脾胃，利肝胆；在下焦，清小肠热，通泻三焦之火。配上陈皮、山楂消食和胃，能够消除积食导致的小儿发热。

用此方法退热的情况和之前介绍的一样，是孩子积食发热的初期，没有什么严重的症状，如果孩子出现高热不退，持续地体温过高，一定不能单单寻求此法，要带孩子去医院就诊，以免耽误病情，酿成大错。

我们科有很多的年轻护士，她们的孩子也陆续地出生了，有些孩子也非常的调皮，给科里的护士妈妈们找了不少麻烦。曾经有一次，一个护士就带孩子来科里，因为孩子有些发热，不太舒服，不能去幼儿园上课了，家里又没人看着，只能带到科里来，顺便给孩子看看病。

当时我碰巧在办公室里，这个护士就找我，然后在护士的休息室里看见小家伙躺在床上，一脸的憔悴，病恹恹的，看着甚是可怜。我让护士去拿了一个体温计，先给孩子量了一下体温，发现体温并不是很高。

然后耐心地询问了孩子的情况，我摸了摸孩子的肚子，做了个腹部检查，腹部虽然有些鼓胀，但还是比较软的，说明积食不严重，但舌苔比较厚。我当时就和护士说："孩子是积食造成的发热，问题不是很大，不用太担心。"护士听了之后，恍然大悟地说："是啊，怪不得这两天孩子吃饭都不香，吃不下东西呢。"

我说："都是儿科的护士，捏脊总会吧，病情还不是很严重，体温高了就用物理降温的方法，然后给孩子捏脊吧。"护士听了连连点头，然后就给孩子做起了捏脊、清天河水、推板门、清大肠等推拿按摩操作，孩子刚开始还不适应，因为疼痛"哎哟，哎哟"地叫唤，过了一会儿就习惯了，舒服地趴在床上睡着了。

除了让护士对孩子进行一些物理的方法治疗之外，我还向她介绍了一个饮食的疗法——用栀子、山楂、陈皮和淡竹叶泡茶喝，我让她回去之后每天中午给孩子泡一杯栀子、山楂、淡竹叶和陈皮水喝，这样可以消除积食造成的发热。为什么要在中午的时候给孩子喝呢？因为中午是人体阳气最充足的时候，而栀子和淡竹叶性属寒凉，寒凉伤胃，孩子夜尿多，晚上喝影响休息。

　　护士听完我说的，连声道谢。当天下班的时候，我又去看了一眼孩子的病情，孩子还在沉睡。过了四五天，我都把这事给忘了，护士拿着一盒自己做的糕点到办公室里找我，说要特别感谢我，这段时间她用我教她的方法天天给孩子治疗，现在孩子已经好多了，也没有吃药。

10.

帮孩子养成每天定时排便的好习惯

现在随着生活条件越来越好，孩子出现便秘的情况也越来越常见，前段时间我还看见有一个同事发了朋友圈：四天了，孩子终于拉出了黄色成型的粑粑，我和孩子他爹喜极而泣。

孩子出现便秘的症状其实和家长喂养的食物有密切的关系，从小用母乳喂养的孩子一般出现便秘的情况较少，用米粉或者奶粉喂养的孩子很容易出现便秘的情况。一说到便秘，民间的百姓会说一句话："是不是孩子上火了造成大便的秘结。"其实母乳比米粉和奶粉要好，孩子消化吸收得好，所以拉出来的都是金黄的膏状便。而添加辅食或者没有用母乳喂养的孩子，食物消化不好，也容易便秘，中医称为食积便秘。

还有一个原因就是家长的看护不到位，没有养成孩子排便习惯的意识。孩子小的时候不懂事，就需要家长给孩子养成良好的排便习惯。有些家长怕麻烦，对孩子的看护比较放任，只有孩子出现了强烈的便意的时候，才会让孩子去排便。

有些时候孩子贪玩，或者有其他的一些事物吸引孩子的注意力，即便孩子有便意，也会憋着不去上厕所，久而久之，粪便在肠道里堆积，水分被吸收干净，粪便也就变得干硬，排出时更加的困难，会造成孩子排便的不适。孩子排便时感觉不舒服，就不愿意去排便，害怕上厕所，就形成了恶性循环。

对于孩子的便秘，广大的家长朋友们一定要养成孩子良好的排便习惯，一般食物在孩子体内经过充分消化吸收后，变成粪便排出体外。所以在每天固定的时间段，不管孩子有没有便意，都得让孩子排便一次。刚开始时，孩子可能不习惯，并不是每次都有粪便排出，但是随着时间的推移，习惯的养成，孩子到了固定时间点的时候，就会自动地去排便。

这个时间点，我建议广大的家长朋友们设定在早上晨起时，因为经过一晚上的代谢和人体胃肠道的蠕动，粪便一般都在肠道的下端，起来让孩子洗漱过后，通过站立等运动的刺激和重力的作用，这时候粪便很容易排出，孩子会有强烈的便意。

当然，如果孩子做不到晨起排便，也可以进行餐后半小时到一小时的排便训练，比如晚餐后。这个时候肠蠕动明显，容易产生便意。

除了排便的时间点外，广大的家长朋友们也需要控制孩子排便的时间，现在信息技术发达，人人都开始用手机，有些家长朋友们还在厕所安装了书架，方便孩子上厕所时翻阅。孩子的胃肠道一般没有什么毛病，所以排便时会比较迅速，人为地加一些干扰因素，例如让孩子边上厕所边玩手机，边上厕所边看书，就会加长孩子排便的时间，也有可能造成孩子便秘的发生。

所以在孩子排便的时候，就要让孩子专心致志地上厕所，不能添加其他任何无关紧要的因素，妨碍孩子排便。

前面说了这么多孩子排便习惯养成的重要性，有些家长朋友们又要问了：

"我每天都让孩子在固定的时间段排便，也没给孩子添加其他的因素，但是孩子排便的时间长短也不是我们控制得了的啊？"

其实孩子的排便时间长短和很多因素有关系，最主要的就是孩子的饮食，有些家长朋友们给孩子吃的食物大多数都是以肉食为主，缺少必要的膳食纤维，所以粪便在孩子体内形成时就缺少必要的原料，也就造成了孩子排便的困难。家长朋友们可以在平时多给孩子吃一些富含纤维素的蔬菜和水果，以便于粪便通过肠道。

再介绍几种有助于孩子排便的水果给大家吧，首先要介绍的就是火龙果，火龙果肉中富含油籽，黑黑的种子一般不被孩子消化，起到润肠通便的作用，最后和粪便一起排出体外。如果买的是红心的火龙果，一定要注意，有些孩子吃了红心的火龙果后，尿液的颜色会有可能出现变化，变成了鲜红色，家长朋友们一定不要过于担心，这是由于食物造成的尿液染色，和血尿没有任何关系，换成白心的火龙果，症状就会完全消失。

其次就是香蕉，这个水果对于排便的效果，我相信广大的家长朋友们肯定全都知道，但是香蕉不可多吃，因为香蕉本身属于热性的水果，多吃容易造成肠道津液亏损，反而不能起到润肠通便的作用，所以每天给孩子喂食一根香蕉即可。

说了这么多，其实给孩子养成良好的排便习惯是最重要的，为孩子以后的成长有很大的帮助，孩子长大以后也会受益匪浅。

11.

孩子便秘先别急，试试胡萝卜汁

前面的章节说的是防止孩子出现便秘的方法，如果孩子已经出现便秘的症状了，有没有什么好的方法能够解决便秘的问题呢？答案是肯定的，有一种食疗的方法对于孩子出现的便秘很有疗效，我常常向来我这里就诊咨询的家长朋友们推荐，那就是胡萝卜汁。

随着医学知识的普及，大家也初步具备一些医学知识了。有一味中药对于治疗便秘有很好的疗效，想必广大的家长朋友们肯定听说过，那就是莱菔子。莱菔子是中医里的专业说法，其实就是萝卜的干燥种子，在中药中，莱菔子就是拿来治疗便秘的常用药。但是萝卜籽的口感肯定不行，孩子一般都不爱吃，所以用胡萝卜汁代替莱菔子有同样的功效。

胡萝卜属于蔬菜类，富含纤维素，榨成汁水后，各种营养成分都浓缩成精华，每天给孩子喝一杯，对于治疗孩子的便秘有神奇的功效。

前面章节中我提到过那位在朋友圈里发消息的同事，他们小两口为了孩子能够拉出便便喜极而泣，就是因为我教他们的小妙招——胡萝卜汁。还可以用鲜藕、芹菜等榨汁，保证孩子的纤维素摄入。

还有一次，突然一个家长抱着孩子就进来了，喊我："崔霞，好久不见，现在成专家了啊。"我抬头一看，因为时间隔得太久，仔细想了想才猛然地想起来这是我之前住的小区对门的邻居，连忙寒暄到："真是好久不见了！什么专家不专家啊，还不是天天忙得抽不出身。"

邻居坐下之后，就说："孩子这几天都没有大便，全家人都着急坏了，他爹又是用手抠，又是按摩肚子，所有方法都用了个遍，就是没效果，最后听人家建议，需要用开塞露帮助孩子排便。我们觉得这么小的孩子依靠药物排便，非常的不好，又怕有不良反应，所以就来找你了啊，你可得给我家孩子好好看看。"

我笑了笑说："这么多年没见，你一点都没变，还是这么火急火燎的急性子。"然后我给孩子检查了起来，一边说："宝宝乖啊，让阿姨给看看。"一边用手按压孩子的腹部，孩子的腹部稍微有些胀，用手摸了下，有一些小小的硬结，估计是粪结。

这么小的孩子偶尔用一下开塞露缓解大便不通是可以的，经常用来帮助排便不太合适，一般不到万不得已的时候，我不会给孩子使用，因为很容易造成孩子对药物的依赖性，不会自己排便了。临床上确实有家长给孩子从小到大都用开塞露，家长自嘲赶得上批发开塞露的了。于是我就教了这个邻居回去给孩子榨胡萝卜汁喝的方法，让她试一试，不行再回来找我，我再用别的方法。临走的时候，我们互相加了微信，以便日后联系。

几天之后，我就看见这位邻居在朋友圈里发信息，说孩子便秘解决了，特意提到了我，还在朋友圈中分享了这个小妙招。

其实孩子出现便秘的原因有很多种，治疗便秘的方法也有很多种，一般临床上治疗便秘，先纠正孩子的饮食习惯，指导家长训练孩子的排便习惯，配合推拿，尤其要注意揉肚子，促进排便，方法得当，见效还是很快的。不过，一定要注意查找孩子便秘的原因，有的孩子属于食积便秘，喂得太多，消化不了，也会出现排便不畅；还有的孩子属于顽固性便秘，肠动力不足，就需要配合药物治疗，单纯食疗解决不了问题。

12.

改善小儿便秘，按揉支沟穴

前面对于孩子出现积食的治疗都用了推拿按摩的方法，那么有没有什么好的推拿按摩的方法能够缓解小儿便秘的症状。中医推拿按摩学中对于小儿便秘有个明确的疗法——按揉支沟穴。

在临床上经常会听见有些家长朋友抱怨，自己孩子早上起来基本上就得霸占着厕所，别人根本都别想用。孩子上个厕所的时间恨不得占据整个早上，有些家长朋友自己想上厕所，又没地方，索性就上班去单位再上，先送孩子去学校，然后再去上班，到了单位都一两个小时过去了，便意也没了，家长都快被孩子弄成便秘了，很是头疼。

现在经常有家长带着孩子来找我治疗便秘，这时候给孩子用开塞露虽然可以帮助排便但解决不了长期便秘的问题。孩子的便秘一般是排便习惯和饮食习惯不好所导致的，养成良好的排便习惯加上治疗基本上都能够痊愈。开塞露等灌肠药物，孩子和家长一般都很难接受，并且开塞露会导致孩子每次排便都有很强的药物依赖感。

在临床上总有那么一两个让人印象深刻的小儿患者，近期，我就遇到一位六岁多的小孩子。他母亲带他来的，来的时候孩子就一直捂着肚子，他告诉我肚子非常的不舒服，胀鼓鼓的，有便意但就是排不出来。我先让孩子平躺在诊疗床上，给他做了一个腹部检查，一摸肠子，里面全是硬硬的粪块。

原来这个小孩子平时七点半到学校，而家长和小孩都喜欢赖床，喜欢多睡一会，七点才爬起来，怕迟到根本就来不及上厕所，直接让孩子洗漱完上学，早餐都是在车上吃的。到了学校孩子一玩起来，就把上厕所的事情抛到脑后了，一定要憋得实在受不了了才去厕所排便，有些时候想拉却拉不出来。一连好几天都这样，大便都秘结在肠子里，累积越多，成为宿便，就越难排出。有些时候干结的大便通过肛门时，还伴有疼痛感，所以孩子一去厕所就害怕，久而久之就形成便秘了。

我耐心地和家长解释了养成小儿规律排便习惯的重要性，让家长每天少睡20分钟，早些起来，让孩子在固定的时间上厕所排便。并且教了家长一个推拿按摩的方法，孩子排便之前在床上可以用拇指按压支沟穴，一般按摩以10～20分钟为

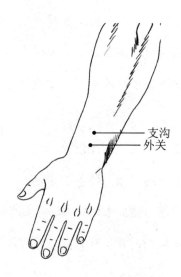

支沟
外关

宜，左右交替按摩，坚持一周左右会有便意产生。

支沟穴在前臂背侧，腕背横纹上3寸；伸臂俯掌，尺骨与桡骨之间，与间使穴相对处取穴。通俗地讲就是手臂腕背横纹处用四指并拢一放，两侧骨头中间的凹陷处就是支沟穴。

中医一般认为便秘是大肠气机失调，大肠传导失常导致的。而支沟穴位于手少阳三焦经上，有调理上、中、下三焦的作用，通过调理三焦气机，达到调节大肠的功效，大便自然就通畅了。中医古籍《玉龙歌》记载："大便闭结不能通，照海分明在足中，更把支沟来泻动，方知妙穴有神功。"说的也是支沟穴治疗便秘的作用。

和广大的家长朋友强调一点，对于按摩支沟穴治疗孩子便秘的疗效，大家不要着急，这是一个缓慢的过程。因为小儿便秘这个疾病本身的形成也是一个缓慢的过程，治疗起来也需要良好的生活习惯加上长时间的坚持。

过了两周左右，这个孩子的家长又带孩子来复诊，一进门就说："宝宝，赶快谢谢崔阿姨，没有崔阿姨，宝宝的病也不会这么快就好了。"因为平时病人比较多，我一时没想起来是怎么回事，于是问了一下。家长笑着说："就是孩子便秘，老是拉不出大便，你教我的那个按摩的方法可好使了，每天用拇指按压孩子的支沟穴，对改善孩子便秘很有疗效。"

这时我才想起来这个孩子，旁边就诊的其他家长听了都凑过来，说："崔医生，什么好办法啊，也教教我们啊。"我笑了笑，又将拇指按压支沟穴的方法一一教给大家，希望能够帮助更多的家长朋友。

家长也可以给年龄小的孩子做顺时针摩腹，推下七节骨，退六腑有助于孩子排便。

第六章

腹泻的原因很多，
找准病根儿是关键

1.

排粪便次数多就是腹泻吗

广大的家长朋友们有一个误区，那就是简单地从排便的次数上判断孩子是否腹泻，因为民间有个很通俗的说法，孩子每天排便超过3次就要警惕腹泻。这种单纯从次数上判断小儿腹泻的方法十分的不准确，因为在临床上还要根据孩子粪便的性状来进行区分，并不是所有的次数增多都是腹泻造成的，所以单一方面的异常，不一定就是小儿腹泻病，要结合次数，还有大便性状来判断。

小儿腹泻一般在盛夏的时候经常出现，我在临床出门诊的时候，特别是盛夏时分，天气炎热，湿热的环境下，各种病毒和细菌肆意地滋生，小儿的消化系统和免疫系统还没有发育完全，抵御外界侵袭的能力较低，所以各大医院的儿科门诊在这个时候出现患者增多的现象，有些孩子会因为频繁的腹泻来就诊。除了感染性腹泻，非感染因素也可以引起腹泻，比如夏天的湿热气候、饮食不规律等。

有些孩子是真正的腹泻，有些完全是家长朋友们的精神过于紧张了，孩子某天稍微出现几次排便次数的增多，就害怕得不得了，我在临床上经常会给有些家长朋友们科普："小儿腹泻，多见于夏季，特别是5岁以内的婴幼儿最为常见。家长朋友们需要注意的是不要简单地把排便次数增多就认为孩子患上了腹泻。"

小儿腹泻是一种多病因、多病原引起的小儿常见病，它主要以排便次数的增多和大便性状的改变为特点。为什么夏季的腹泻尤其偏爱小儿呢？其实是和小儿的生理特点有关系的，中医讲小儿体质娇弱，其实就是小儿的消化系统发育不健全，对于细菌、病毒侵袭的防御能力差。

盛夏季节，家长朋友们会给孩子进食大量的瓜果蔬菜、液体饮料，这样势必会稀释孩子胃酸的浓度，本来胃酸是细菌、病毒的天然屏障，胃酸的稀释造成细菌、病毒很容易就通过屏障，进入肠道，引起孩子腹泻。再加上夏季天气炎热，给家长朋友们的护理带来了很大的麻烦，例如夏天开空调，特别是孩子晚上睡觉的时候，家长朋友们一个不注意，孩子把被子踢了，很容易就受风招凉，一些病毒、细菌就会乘虚而入，引起孩子腹泻。

孩子出现腹泻的时候，排便次数的增多是给家长朋友们最直观的现象，很多家长朋友们会因为孩子突然出现排便次数增多感到焦虑不安。但是在临床上，排便次数的多少只是判断腹泻程度的一个标准，不能因为排便次数的增多就认为孩子肯定患上了腹泻的疾病。

孩子每天排便的次数都小于3次，当孩子出现腹泻时，排便次数会增多至3～5次，甚至每天10次以上。

小儿是否患上了腹泻，除了要看孩子排便的次数之外，还要观察孩子粪便的性状是否也相应地发生了改变。小儿粪便一般正常的是糊状或者软便，如果发现孩子的粪便突然变得稀薄如水，或者有大量的泡沫，或者粪便中带有黏液、脓血等，这时家长朋友们就要警惕孩子出现了腹泻的症状。

我曾经就碰见过这样的一位小儿患者，是个三岁多的小男孩，他妈妈带他来的，已经辗转了好几家医院了，孩子这一年来出现了粪便次数增多的情况，每天至少上3次厕所，一大早起来就是上厕所，然后吃完饭又要上一回厕所，出门之前还得上一次，每次都能排出一两节的粪便。

家长见了这个状况甚是烦恼，觉得孩子怎么老是往厕所跑，是不是腹泻了。于是就带着孩子去了好几家医院就诊，都是按照小儿消化不良或者肠易激综合征来治疗的，疗效并不是很好，孩子症状时好时坏。

经朋友介绍，这位家长找到了我，我仔细询问了孩子排便的情况，发现孩子每天排便的次数虽然多，但是很固定，每天基本都是3～4次，并且粪便的性状没什么改变，就是正常的成型软便，我觉得腹泻的可能性比较低，于是就让孩子做了一个便常规和肠道造影。

第二天家长拿着化验报告单回来了，便常规果然没事，但是肠道造影显示孩子直肠段有一处先天性的畸形，像个弯曲的漏斗形。我恍然大悟，对家长说："终于找到病因了，孩子每天排便次数多就是这段直肠弯曲造成的，就是粪便到了这段弯曲，会形成囤积，然后慢慢地挤出体外。"

孩子每次排便的时候只是把直肠弯曲后段的粪便排出了，但是弯曲处的囤积并没有排出，所以一活动、行走，肠道蠕动将弯曲处的粪便挤到后端，孩子就有便意，又想去上厕所。家长听了之后也明白地点点头，自责道："每天看他去这么多次厕所，还以为他拉肚子呢，都快被折腾死了，以为拉肚子这么难治，一年了都没好。"

我笑了笑，安慰道："并不是所有的排粪便次数增多都是腹泻，要参考孩子粪便的性状。"找到病因之后，就可以对症进行治疗，我将孩子转诊到外科，经过治疗之后，孩子很快恢复了健康。

2.

注意区分腹泻与痢疾的区别

现在随着医疗知识的普及，大部分家长朋友们对于小儿痢疾都有了一定的了解，一提到痢疾，肯定会心头一紧，痢疾对于小儿来说是个非常严重的疾病，有可能危及孩子的生命。但是还有一部分家长对于痢疾并不是很了解，我在这节内容里就详细给大家介绍一下。

痢疾其实是以腹泻症状为主的一种疾病，但是它又和普通的小儿腹泻有三点主要的不同。首先就是孩子排便的性状对于普通的腹泻看起来要严重许多，家长朋友们一看见这种性状的粪便，会非常的焦虑，怎么孩子拉出这样的粪便了，是不是得了什么严重的疾病了。家长会有这种焦虑，是因为痢疾的粪便性状是脓血样黏液便。看见便中带血，家长就要开始警惕痢疾的发生。排便时里急后重感严重，腹痛明显，总觉得没排净。

其次是痢疾容易出现中毒性痢疾表现，小儿会出现高热，甚至有的孩子还会出现惊厥，部分孩子直接出现高热惊厥，所以夏天出现惊厥要警惕是痢疾引起的。

最后就是痢疾具有传染性，属于肠道传染病。如果发现孩子得了痢疾的家长，一定要及时地去医院就诊并且向就读的学校报告，因为学校和医院会有一整套成熟的传染病信息预防控制和报告制度。

现在生活条件越来越好了，医疗条件也比以前改善不少，小儿痢疾的发病率降低了。不过去年我还真遇见了一个痢疾患儿，是一位三岁多的小女孩，白白胖胖的。

她是个外地的小姑娘，夏天和家人一起到北京来游玩，刚到北京的第二天晚上，孩子就出现了高热、腹泻的现象，开始家长以为就是水土不服，给孩子吃了一些退热药和消炎药，但之后孩子上厕所的次数越来越频繁，便中还带有脓血，这下可把家长吓坏了，赶紧抱着孩子坐车来到医院。

当天晚上正好我在值班，家长还是比较了解病情的，一进门就操着浓重的外地口音告诉我说："医生，你快给孩子看看吧，很有可能是痢疾。"我详细地问了孩子的病情，当时就对孩子的家长说："应该差不多是，还是给孩子做个血常规和粪便的检查确诊一下。"

家长点点头，在孩子排便的时候弄了一些粪便化验，结果出来就是小儿痢疾。我除了填报传染病报告卡之外，还开了一些消炎药给孩子输上液并且口服补液盐。

在孩子躺下输液时，我又给家长交代了一些小儿痢疾的看护注意事项。小儿痢疾得病的途径是"粪—口"传播，就是吃了带有痢疾杆菌的粪便污染的食物或饮料而引起的。因此，为预防患上细菌性痢疾必须注意饮食卫生。

特别是在外旅游的时候，更要注意孩子的饮食，食品必须新鲜，不吃变质、腐烂、过夜的食物，坚决不要让孩子吃路边摊。生吃的食品及水果要清洗干净，最好再用开水洗烫。

孩子每次排便完，可以用温水洗净屁股，家长朋友们处理完孩子粪便后要及时洗手，以免在家庭成员中相互传染。

孩子的饮食可以给予少渣、易消化的半流质，如藕粉、面糊等，尽量不要给孩子喝奶粉等，因为牛奶会造成胀肚，会加重孩子腹痛的症状。特别要提出来的就是要注意孩子的脱肛症状，因为孩子频繁地去厕所，很容易造成直肠脱垂。

听完讲解之后，这位家长朋友连声感谢我，说北京的医生就是好，这么耐心细致地教他们，让他们感到很温暖。我听了都不好意思了，连忙笑道："这是医生的职责，应该的。"到了第二天天微微亮的时候，他们孩子的液体已经输完了，家长也要带孩子回老家了，上午的火车。

我给孩子开了7副芍药汤的中药，让家长回去之后一定要到当地医院继续治疗，现在孩子虽然症状有所好转，但是疾病的转归需要一个过程，并不能很快就痊愈，可以将中药煎服，一日两次给孩子服用，巩固疗效。

3.

按摩脾俞穴，帮孩子补脾止泻

在每年的7～8月份，夏秋交替的季节里，此刻属于长夏。在这段时间里，潮湿之气笼罩大地，阳热至盛，而脾喜燥恶湿，人体很容易受湿邪侵袭，耗伤脾土，引起腹泻痢疾等拉肚子的疾病。

有些家长朋友要说了，在北方天气都十分的干燥，很少有潮湿的天气，这些疾病为啥我们北方的孩子也会经常犯呢？其实现在生活条件好了，不管南方北方都有空调，家里的房间在吹空调的时候，完全处于密闭的状态，空气不流通，就相当于一个大蒸笼，所以人为地增添了潮湿的因素。在长夏炎热的季节里，再加上消化系统的发育不完全，孩子就更容易出现腹泻的症状。

前段时间，北京某机关单位附属幼儿园就请我去给家长朋友们和孩子做健康讲座，我就准备了腹泻痢疾的内容，和广大的家长朋友们讲解了脾俞穴在治疗腹泻痢疾上的作用。脾有运化水谷的功能，对食物的消化和吸收起着决定性的作用。脾俞穴位于第11胸椎棘突下，旁开1.5寸，作为脾的背俞穴，是五脏中脾气

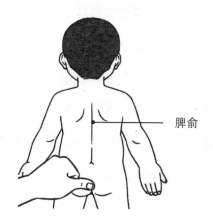

脾俞

在人体背部唯一的输注点。刺激脾俞穴，调节脾气的运转，能起到健脾和胃、理气止泻之效。

下面就有一位家长朋友提出疑问："我家小孩一到夏天就闹肚子，每次打点滴吃药都折腾好久也不怎么见效，医生你说的按摩脾俞穴我也知道，也尝试过给孩子做，也没看见有什么作用啊？"

现在医疗知识的宣传已经很丰富，一般有心的家长朋友其实早就听说过脾俞穴，对于脾俞穴的按摩也都尝试过许多次，但是收效甚微。其实并不是脾俞穴没有疗效，而是很多家长朋友按摩脾俞穴不得其法，中医这一行就是这样，很多东西都是要靠临床上一点一点地积累，一点一点地领悟，光靠书本上照葫芦画瓢是没有什么疗效的。

脾俞穴作为脾气在人体背部唯一的输注点，脾气在此蒸腾运化水湿，止泻最好的办法不是堵，是健脾，是温养，是运化。所以我们在按摩脾俞穴的时候也要讲究一个微微生火，祛湿健脾。

首先让孩子俯卧在床上，用掌根部来回摩擦脾俞穴，使局部有热感向内部深透，以皮肤潮红为度；然后用两手的拇指指腹按在脾俞穴上，逐渐用力下压，按而揉之，使此处产生酸、麻、胀、重的感觉；最后用提的手法，捏紧穴位处的肌肤，缓慢地向斜后方提拿。每次不需要坚持按摩太久，5分钟左右即可，每天早晚各按摩1次，特别是在晨起时分按摩疗效最佳。

家长相互之间进行操作。有了这么一手，我们在运用按摩脾俞穴治疗痢疾泄泻的时候，就可以根据孩子的体质和健康状况调整手法了，作用肯定是你自己随便按按的三倍以上。脾俞穴只是其中一个例子而已。年龄小的孩子还可以清补脾经、推板门、清补大肠、推上七节骨。

4.

止泻药的使用一定要合理

孩子出现腹泻症状的时候，有些家长朋友因为怕孩子出现脱水的情况，又怕麻烦，所以第一时间会想到给孩子用止泻药。在这节内容里，我要给广大的家长朋友们提个醒，对于孩子，止泻药一定要慎用。

止泻药分为很多种，有一种是提高胃肠张力，抑制肠蠕动，制止推进性收缩，从而能够起到止泻的作用。这种止泻药在临床上，我一般不会主动给腹泻的孩子使用，因为这种止泻药虽然止泻的效果非常的好，但是很容易造成孩子的胃肠功能紊乱，严重的会引起孩子便秘。

还有一种止泻药是肠黏膜保护剂，可通过表面的吸附作用而吸附肠道气体、细菌、病毒、外毒素，阻止其被吸收或损害肠黏膜。我们在临床上常用的小儿思密达（蒙脱石散）就是这一类止泻药，这类止泻药的不良反应较小，临床上常用，但也要适可而止，有的会使孩子出现便秘。

家长朋友在给孩子使用止泻药的时候，因为医学知识的不足，所以根本不会区分止泻药的种类，就给孩子滥用，有些时候用完之后看见孩子腹泻的症状立马缓解了，还有点小骄傲，认为自己用对药了，殊不知孩子的身体已经因为止泻药受到伤害了。

有些时候孩子出现腹泻的症状，是机体受到外界侵袭时的正常反应，因为是一些不干净的饮食引起的，所以机体要通过腹泻的方式，让有害的毒物能够迅速地排出体外。不知道家长朋友有没有这种感觉，有些时候孩子吃了坏东西，如果出现腹泻的症状，一般孩子就不会出现发热等比较严重的症状，如果孩子没有出现腹泻的症状，一般孩子痊愈的时间会变长。中医对痢疾就有"痢无止法"的描述。

这是由于排出这些含病原菌和毒素的粪便，肠道不吸收毒物和病菌而保护了人体，一旦应用止泻药致使粪便不排了，肠吸收毒物和病菌机会多了，人便会因过多地吸收毒素和病菌而加重病情甚至导致死亡，这就是腹泻带给机体的自我修复作用。

每次一说到止泻药滥用，我都会给广大的家长朋友们讲述一个惨痛的故事。那时我还年轻，刚工作了3年，正值儿科急诊夜班。那一天晚上，我和往常一样忙碌，接诊了很多感冒、发热、咳嗽的孩子，晚上3点多的时候，我刚准备歇下来吃点东西。没想到窗外响起了一阵急促的急救车警笛声，我的心"咯噔"一下："不会又来病人了吧。"

有些事情就是不禁念叨，果然送来了一个昏迷的患儿，孩子有三岁多，是个小女孩，已经昏睡不醒了。120的急救人员刚刚把孩子推进抢救室，孩子的母亲就哭着拉着我的手，让我救救她的孩子。

我一边让护士给孩子装上心电监护，抽血化验，一边耐心地询问家长关于孩子的具体情况。原来孩子在白天的时候出现了腹泻的症状，我详细地询问了粪便的性状，家长居然说便中隐隐约约带有脓黏液，我心中紧张了一下，不会是痢疾吧。

家长看孩子不住地拉肚子，怕孩子出现脱水的症状，就想着给孩子用一些止泻药，先把孩子的泄泻给止住。又听见别人介绍说："中药的罂粟壳能够止泻，并且效果明显。"家长就自作主张到中药店买了罂粟壳，用水煎后给孩子服下，孩子腹泻算是止住了。但是孩子晚上就开始出现高热、抽搐、休克的症状。家长一看吓得不轻，连忙打了120，叫了急救车送孩子来医院。

孩子被送来的时候已经昏迷不醒，心电监护显示，血压80/50毫米汞柱，体温40.1℃，心率120次/分，血氧89%。我一看孩子已经危重了，连忙拿了病危通知书，向家长告知并让其签字，说完我就立刻进抢救室里抢救孩子，只听见抢救室外家长在嚎啕大哭。

现在孩子对于每一个家庭来说都是命根子，我也尽自己全力抢救孩子，因为孩子现在没有排便的现象了，一直没法给孩子化验。我根据家长的描述，猜测孩子原来的腹泻应该是细菌性痢疾造成的，然后家长滥用止泻药，造成毒素无法排出体外，被胃肠道吸收，形成中毒性痢疾，加重了病情。

通过一晚上的抢救，到了第二天早上7点多，白班的同事都来了，孩子的生命体征终于恢复了平稳，暂时脱离了生命危险，但是孩子还处于昏迷的状态。我向白班的同事交完班，就回去休息了。

后来听说孩子被转到重症加强护理病房住院一个多月后，痊愈出院了，通过检查证实了我之前的判断，孩子就是中毒性痢疾引起的休克。出院一周以后，这位家长朋友带着孩子给我送锦旗来了，说谢谢我的及时抢救，才挽救了他家孩子生命，说我是孩子的救命恩人。我摸摸孩子还有些憔悴的脸蛋，说："应该的，以后别给孩子滥用止泻药了，有病就来医院就诊。"家长不好意思地点点头。

　　通过这个故事，就是想提醒广大的家长朋友们，给孩子用止泻药时要合理，千万不能凭自己的想象就滥用药。孩子小，局限炎症的能力差，病情很容易发生变化。虽然说这个例子不完全是因为止泻药导致的，但是盲目止泻也会掩盖病情，这样很容易给孩子造成生命危险。

5.

自制糖盐水，给轻度脱水的宝宝补液

小儿脱水指机体由于腹泻等病变，丢失了大量的水分，而不能得到及时的补充，造成新陈代谢障碍的一种症状，严重时会造成虚脱，甚至有生命危险，需要依靠输液补充体液。

前面的章节介绍过输液对孩子的身体并不是很好，也不是治疗的最佳方法，所以不到万不得已的时候，我都会建议家长朋友尽量避免输液治疗，看能不能用其他更好的方法帮助孩子补充液体。

只要孩子的腹泻或者呕吐的症状较轻时，脱水的症状并不是很严重，我们可以用饮食的方法来帮助孩子补充液体，在临床上我经常给孩子开一个口服药物补充机体的电解质，这个药物叫作"口服补液盐"，其实它的成分就是各种电解质、葡萄糖。

这个药物是用温水进行冲泡，让孩子服用，通过口服的方法补充孩子因为腹泻或者呕吐丢失的体液。

口服补液盐其实家长朋友在家都能够自己制作，因为其中的主要成分就是氯化钠和葡萄糖，我们在家可以用米汤和食盐来代替。

我曾经在出门诊的时候遇见过这样的一位患儿，这个孩子胖嘟嘟的，五岁半了，家长刚带他来的时候就焦急得不得了，说："孩子可能吃了坏东西，拉了好几回，都是黄稀水。"家长昨晚在家的时候已经给孩子吃了草莓口味的思密达，还有一些消炎药，孩子折腾到半夜总算躺下睡着了，不再腹泻了。

但是早上起来，家长还是不放心，孩子虽然止住了泄泻，但是全身的状态还是不太好，孩子没精神，本来一个大胖小子，眼眶有些凹陷，家长说尿也不多。

我一边询问孩子的情况，一边仔细地检查孩子，心里在想："这位家长朋友过于担心了，其实他用的治疗方法都对路，所以孩子才能止住腹泻。"只是孩子腹泻的次数太多，机体的体液丢失，所以出现了一些轻度脱水的症状，只要及时地补充液体，孩子就能很快地恢复健康。

家长比较着急，问我："崔医生，用不用输液啊，孩子现在有些脱水，你看这两个眼珠子凹得多深啊！"我都惊讶了，发现这个家长医学知识好丰富啊："不用，不用，孩子之前也不拉了，有轻度脱水，还不是很严重，你挺厉害的，知道脱水应该观察的地方。孩子的病其实不用输液，多养几天也能痊愈，我教你一个制作糖盐水的方法，回去给孩子服用，这样就能好得快一些。"家长听了很高兴，连声向我感谢："谢谢崔医生。"

煮500毫升米汤，加半勺盐，充分搅匀后即可给孩子服用，让孩子当水喝，这样就能快速地补充因泄泻流失的液体，改善轻度脱水的症状。提醒家长，孩子在腹泻后会出现口渴现象，要给孩子服用口服补液盐来补充体内丢失的液体，而不能光喝水。

我没有给孩子的家长开任何的药物，因为孩子的症状已经很轻了，不需要再用药物治疗，只是嘱咐了几句注意事项，就让他们回去了。

过了一周，这位家长朋友带着孩子又来了，连声道："崔医生，太感谢您了，您教的那个糖盐水的方法太好了，回去给孩子喝了几次，孩子的精神就好多了，恢复了正常，能够满院子乱跑啦。我向我们小区的家长们推荐了您的方法。"我谦虚地说："没有什么的，是你比较厉害，能够及时地用正确的方法帮助孩子，孩子才能好得这么快。"一来二去，这位家长朋友就成为我的老熟人了，以后只要孩子有什么问题，都会来找我看病。

6.

腹泻期间，千万不要"进补"

孩子出现发热、腹泻、腹痛等肠道疾病的症状，如果没有明显好转，建议及时到医院就诊。大多数家长朋友以为止住孩子腹泻、肚子不痛就行了，有些家长朋友还计划疾病初愈时，要给孩子好好补一补。

实际上这样的做法是错误的。孩子出现腹泻后，家长对于小儿的肠胃护理更加重要，因为此时肠胃由于炎症会出现不同程度的水肿，如果盲目进补，吃得过于油腻反而会使病情加重，因此腹泻后一周时间以内，饮食应当以清淡为主，不可盲目地进补。

如果不加以选择盲目地给孩子加强营养，孩子本来经过腹泻，大病初愈，胃肠功能恢复得并不是很好，就有可能造成"虚不受补"，给孩子的胃肠道消化造成负担，甚至引起疾病的反复。

在临床上碰见这样的家长朋友有很多，但是有些家长朋友比较特别，会给人留下深刻的印象。我曾经就碰见过这样的家长朋友，这位家长朋友是位年轻漂亮的妈妈，在一家外企做行政工作，平时比较忙，她家的小男孩都是整托给私立的幼儿园。这次孩子出现了拉肚子的症状，正好赶上年轻的妈妈休假，于是带孩子来医院看病。

孩子平时被整托在幼儿园里，一方面缺少了家长无微不至的关爱，另一方面老师在幼儿园里代管这么多的孩子，肯定有疏忽的地方，就导致了孩子腹泻的症状不断地反复。

其实这个孩子的腹泻并不是很严重，但就是因为得不到规律的治疗，让病情总是起伏反复。鉴于这种情况，我建议家长朋友在给孩子药物治疗的同时，把孩子带回家自己细心地照顾几天，让孩子的疾病能够痊愈，不然这样反反复复地拉肚子对孩子的身体健康实在是不好。

这位年轻的妈妈面露难色，说："没办法，我们两个大人平时工作繁忙，经常出差，都不着家，自己已经觉得对孩子很愧疚了，没想到孩子还生病了，我想想办法吧。"我劝解道："为了孩子的身体健康，工作再繁忙也要留出时间照顾照顾孩子，这样孩子才有家的温暖，才能健康地成长。"

我给他们开了药物，临走的时候我向这位年轻的妈妈再三强调了一些注意事项，特别交代了回去之后孩子的饮食要清淡。家长一边点头，一边带孩子走出了诊室。

过了两周，这位年轻的妈妈又带着孩子来了，急匆匆地走进诊室，我发现这回多了两位老人，只听见家长说："崔医生，还是不行，孩子拉肚子的症状开始时好一些了，然后又不行了，老是反复，不知道怎么了。"

我问了一下具体的情况，原来孩子的父母还是无法克服工作的繁忙，留不出时间来照顾孩子，于是回老家把孩子的爷爷、奶奶请到北京来照顾孩子的饮食起居。两位老人看着孙子被疾病所困，满脸的凝重，估计心疼坏了。

我当时听完之后，也觉得纳闷了，孩子的腹泻症状并不是很严重，怎么这么难以痊愈，用的药物也没有什么错误啊。我并没有放弃，就故作无事地和他们攀谈了起来，旁敲侧击地询问孩子的情况。

经过几分钟的交谈，我终于发现了孩子腹泻难以痊愈的原因，原来孩子吃完药之后，腹泻的症状刚刚有所好转。爷爷、奶奶本来就心疼得不得了，认为孩子生了这么长时间的疾病，理所应当地应该给孩子补一补，把之前拉出去的营养全都补回来，于是就给孩子做了好多的油腻之品。孩子因为生病天天吃一些清汤寡水，好不容易有机会能够吃顿好的，高兴极了，吃了许多，吃完之后第二天就感觉不好了，又开始腹泻了。

我对年轻的妈妈责怪道："不是和你再三交代过，这段时间不能吃油腻的东西，吃一些容易消化的清淡之品，怎么还给孩子吃大鱼大肉，我说怎么还不好呢。"家长很尴尬，连声道歉："都是我的疏忽，没和两位老人交代明白，光顾着工作了，都怪我不好。"

我又给孩子开了几副中药，让家长回去给孩子煎服，"这次别再犯这么低级的错误了，每天就给孩子吃一些清淡的菜粥、面条之类的就行了，等孩子痊愈了再说。"家长取完药就带着孩子回去了。

过了一周，爷爷、奶奶满脸堆笑地带着孩子来复诊了，连声向我道谢，说孩子已经不拉了，气色也一天天地见好，然后问道："都不敢给孩子吃好吃的了，天天吃些清汤寡水的，看着就心痛，崔医生，孩子什么时候能够开始正常饮食啊？"我笑道："瞧你们着急的，先等等吧，让孩子的消化系统恢复恢复，过一周再给孩子正常饮食吧，不过也得注意好消化啊。"二老听完之后连声答应，高兴地带着孙子回去了。

当心儿童青少年肠易激综合征

　　说起肠易激综合征，作为一名中医，这时我会很自豪地对家长朋友说："中医有奇效。"

　　肠易激综合征其实在临床上是一种难治的疾病，西医基本没有什么好办法，因为这个疾病在临床上诊断就非常地模棱两可，根本没有什么明确的指标可以确诊为肠易激综合征，它指的是一组临床症状，大部分以不明原因的腹泻为主，有些以便秘为主。

　　这个疾病就和神经官能症一样，和广大的读者朋友们讲一讲我在临床诊断肠易激综合征的方法，大家就会明白。有些时候患者朋友来就诊，就是排便的次数增多，拉出来的也全是成型的粪便，次数不固定，有些时候挺好的，每天一两次，而有些时候五六次，特别是在遇到一些考试、应聘等精神压力大的时候，排便的欲望就更加的严重，总是想往厕所跑，不排出来点粪便，心里就不放心。

　　给这种患者朋友做许多的化验，化验结果基本都是正常的，也查不出来任何的原因，这时候我会和患者交代："可能是肠易激综合征。"讲了这么多，广大的家长朋友们应该对肠易激综合征有所了解了，说白了这就是功能性的肠道疾病，并没有什么器质性的病变，临床上没有什么好办法，一般以改善症状为主。

这类疾病的治疗比较棘手，即便治疗好转，也容易反复。这样的孩子稍微遇到点儿什么刺激，就总往洗手间跑。孩子小小年纪，以后要经历的事情还挺多的，就算出去旅游，稍微有个与平时不一样的事情，大早上起来，孩子肯定会先上完厕所才能出去，这样对孩子的生活会造成很大的麻烦和困扰。

对于肠易激综合征，有没有什么好的预防治疗的方法呢？我又要在这里强调中医药的效果了。中医源远流长了几千年，有很多特殊的治疗方法，例如针灸、推拿按摩、拔罐等，对某些疾病有特殊的疗效，肠易激综合征就是其中的一个，运用中医特殊的疗法可以有效地缓解肠易激综合征的症状。

把用中药调好的敷贴贴在孩子的肚脐眼上，然后轻轻地按揉，可以起到缓解肠易激综合征的作用。胎儿出生时连接脐带，供给胎儿营养，促使胎儿发育的处所，与孩子的胃肠道密切相关。用此处治疗肠易激综合征可以直达病所，缓解症状。

当了几十年的医生，总有些熟人家长会时不时地向你请教一些医学问题。曾经就有本院的医生给我打电话说："他怀疑他家孩子就有肠易激综合征的症状，不能受到什么刺激，稍微有点风吹草动的，孩子就要往厕所里跑，拉也拉不出什么，有些时候就一小节粪便，有些时候什么也没有，就是有便意，去完厕所才好一些。各种检查都做了，就是没发现什么问题，现在他开始怀疑是肠易激综合征，请问有没有什么办法可以缓解一下。"

我就简单地教他摩腹的方法，开了几味温中健脾、柔肝缓急的中药，让他磨成粉，用料酒调成糊状，敷在肚脐上。每天坚持按摩，敷贴一回就可以。

　　两周后，这位同事又来找我，笑着说这方法确实有效，他通过敷贴给孩子按摩腹部肚脐，现在孩子肠易激综合征的症状缓解多了，并且去厕所的次数也少了。我告诉他别大意，回去继续给孩子按摩巩固疗效。同事笑着说："崔主任吩咐的，不敢不从啊。"

胃肠痉挛，妈妈的"安抚"胜过良药

一提到小儿胃肠痉挛这个疾病，我就有千言万语想和广大的家长朋友倾诉，因为我自己的孩子就曾经患过胃肠痉挛，所以对胃肠痉挛非常了解。小儿胃肠痉挛是由于各种诱因，例如饮食不洁、吃了辛辣食物、天气变化、环境改变等的刺激导致胃肠功能紊乱。

大家肯定都听说过抽搐这个症状，可以想象一下小儿胃肠出现抽搐时，机体会有什么反应，肌肉的抽搐会导致人不停地颤动，而胃肠的抽搐就会导致小儿出现剧烈的呕吐和泄泻的症状，并且伴有强烈的腹痛。

对于小儿胃肠痉挛，妈妈的"安抚"胜过良药，其实中医的推拿按摩对于小儿胃肠痉挛有很好的疗效。有个穴位叫梁丘穴，在上学阶段，教针灸的老师为了方便我们记忆，特意用中医的医理，解释了一番这个名字的由来。

梁丘穴是足阳明胃经上的郄穴。"郄是空隙义，气血深藏聚，病症反应点，临床能救急。"说明梁丘穴对于急性发作的胃肠痉挛有很好的疗效。

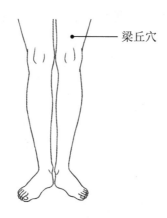

梁丘穴

"梁"指的是屋顶横梁的意思，"丘"指的是土堆的意思。本穴约束胃经经水向下排泄。本穴位于膝髌上外缘上2寸凹陷处，此处有肌肉隆起，对流来的地部经水有围堵作用，经水的传行只能是满溢越梁而过，所以被形象地称为梁丘穴。临床简便取穴时，让病人用力伸展膝盖，筋肉凸出处的凹洼，从膝盖骨外侧端，约三个手指的上方即是该穴。

说到梁丘穴，我就有很多故事想和广大的读者朋友们分享一下。记得是前段时间，恰逢炎热的夏季，我们科室组织大家去海边旅游，并且可以带家属，平时在医院工作非常的繁忙，也很少有时间外出旅游放松一下，偶尔组织一次，除了值班人员，科里其他人员都欢欣雀跃地一起去了。

记得非常清楚，由于现在交通便利发达了，乘坐高铁去海边也就短短的五个多小时的时间。在海边连续玩了两天，不过这两天天公不作美，全是阴天，白天温度还可以，到了晚上海风吹得呜呜的，湿度也非常的大。这当然不会影响我们玩耍的兴致，我们带着孩子们又是下海游泳，又是吃海鲜，又是爬山，又是挖螃蟹，大家玩得非常的开心，最后我们坐着高铁踏上了返程的道路。

可能是由于天气变化得太快，或是海风吹得太凉，抑或是海鲜吃得不合适，有一个七岁多的小女孩，刚上火车就感觉特别的难受，肚子翻江倒海，恶心想吐，我们开始以为是晕车呢，连忙让孩子躺下，又是按揉内外关穴，又是吃晕车药。可是完全没有作用，孩子的症状越来越重了，一直呕吐，还腹泻，拉出的全是稀黄色的水样便，最后连躺都躺不住了，吐完之后就蜷缩在座位上，让妈妈用双手使劲抵住胃部，这样才能好受一些。

我们一群医生围着，根据多年的临床经验都判断是胃肠痉挛，一问孩子妈妈，她也非常地确定，因为她家孩子平时胃肠就不太好，稍微有些不适的刺激基本都会犯胃肠痉挛。但是出来也就玩两天，谁都没想到会出现这种情况，也没有准备药物，现在又难受得厉害。巧妇难为无米之炊啊，在火车上什么都没有，并且到北京还有三四个小时的时间，我们都着急坏了。

这时候有个我们科的老主任站出来说让他试试。他先将小孩的裤管挽到膝盖以上，取了孩子的梁丘穴，然后将拇指和其余四指分开，虎口贴着大腿的肌肉，从腿根一直推到孩子的膝盖内侧，再从膝盖推到脚踝最高点。

这些是按摩梁丘穴之前的准备工作，是疏通孩子的足阳明胃经，刚才他推行的方向就是足阳明胃经的循行方向。通过这种推行的方法将双腿推得微微发热，然后双手握拳，在两侧的梁丘穴处上下轻微地捶击，力度无须太大，坚持捶击了15分钟左右。

之后老主任用大拇指的指腹向下按摩梁丘穴，指力要深厚，明显感觉孩子的大腿部肌肉凹陷下去了。老主任一边按压，一般宽慰小女孩在按压时要保持心平气和、呼吸均匀，配合着顺时针按摩腹部，缓解胃肠的痉挛。

说来也神奇，通过老主任大约半小时的按摩，小女孩的症状明显缓解了，也能起身坐起来了，不用再蜷缩着，腹痛也减轻了许多，大家这时长舒了一口气，放下心来，都说还是老主任的医术高明，过了4个小时，小女孩终于平安到达北京了。

孩子呕吐先别慌，分析原因是关键

很多家长朋友看到自己的孩子出现呕吐的症状，都会非常焦急担心。其实呕吐对于某些年龄段的孩子是常见的病症，家长朋友们首先要学会判断是什么原因导致的呕吐，然后才能对症下药。

这节内容我就和广大的家长朋友们介绍关于宝宝呕吐的原因及解决办法，希望家长朋友们看后能有所收获。孩子呕吐是一种常见的情况，但呕吐不仅使孩子非常痛苦，家长朋友也会为此而紧张。这节我就给大家介绍一下几种常见的呕吐的病因。

首先就是喂食的问题，孩子还在吃奶的时候出现呕吐的症状，一般是家长朋友喂养的方法不对造成的。有些家长朋友这时候要问，孩子溢奶属于正常，吐奶就属于不正常，怎么才能区别呢？其实溢奶和吐奶，两者之间最大的区别在于，吐奶有明显的呕吐动作，吐前孩子有恶心，张口伸脖，痛苦的表情，属于病态，吐出的奶量甚至会大于喂进量，伴有酸臭味，有时颜色异常。

而溢奶属于孩子正常的生理现象，是小儿贲门松导致的，孩子一般无恶心感，奶液自然从口中溢出，量较少，颜色也无变化。出生1个月内的大部分婴儿均有轻微溢奶现象，在3个月后会逐渐好转。

解决孩子吐奶的症状，最好的办法是母亲学习正确的喂奶方式，就能有效地防止孩子吐奶。母亲在喂奶后多给孩子拍拍后背，有些孩子这时候会出现明显的打嗝现象，每次喂的奶量可以少一点儿。另外，在孩子进食后半小时内，不要让他剧烈活动，帮助他保持身体竖直，以帮助消化。你可以竖抱着宝宝，也可以让他靠着后背坐一会儿。

其次就是孩子长时间的咳嗽或者哭泣，有些家长朋友们由于经验不足，不知道怎么进行护理，导致孩子出现长时间的哭闹，孩子哭着哭着就哭不动了，便开始干呕。家长这时候就十分的担心，认为孩子出现了什么问题。

其实孩子的呕吐症状，完全是哭泣引起的，并不是得了什么疾病，家长不用过于担心，只需要给孩子最好的安抚，让孩子的情绪尽快地平复下来，很快就能减缓孩子呕吐的症状。这时候家长只需要将孩子呕吐物清理干净，把孩子尽快放在摇篮里平躺着，让宝宝觉得他可以通过这个方法来让你对其呼应。只要你的宝宝在其他方面都健康，你就不用担心宝宝因为哭泣引起的呕吐。

再次则是一个比较奇怪少见的原因——呼吸道感染，有些家长朋友会感到奇怪，为什么呼吸道的疾病会导致呕吐？其实是呼吸道的感染引起孩子呼吸道出现很多的分泌物，然后堵在鼻腔和气管，引起孩子出现恶心想吐的感觉。

最佳的解决方法就是家长定期地给孩子清洗鼻腔，让孩子的鼻腔一直处于通畅的状态，这样孩子不但呼吸通畅，减少了哭闹的机会，也会减轻了孩子呕吐的症状。有些家长朋友又会问，怎么给孩子清理鼻腔，现在科技发达了，有各种工具，不像以前那么麻烦，还得用生理盐水放盆子里清洗。现在市面上有很多样式的小儿吸鼻器，只需要用吸鼻器清除孩子鼻腔内的鼻涕，尽量不要在宝宝鼻腔里积存黏液即可。

最后就是切忌病从口入，有些时候家长朋友不注意口腔卫生，或者给孩子喂食的饮食不卫生或者温度不适合，有些家长朋友因为奶量比较多，所以经常挤一次奶能够给孩子吃好几顿，所以就储存在储奶袋里并放入冰箱中，当取出来给孩子喝的时候，很容易造成细菌的滋生或者温度也不好把控，极易造成孩子出现呕吐的症状。

出现感染性的呕吐，家长一定要去医院寻求专业的治疗，尽快地解决孩子呕吐的问题，防止孩子出现脱水现象。在家也可以给孩子进行一些简单的护理，按照之前教给大家的方法给孩子冲泡一些口服的糖盐水，给孩子服用。给孩子换尿布之后，家长要把手彻底洗干净，以防止病菌的扩散传播，同时，也要尽量保证宝宝双手的清洁卫生。

说了这么多原因导致孩子出现呕吐，家长朋友们应该对此有些了解了，在孩子出现呕吐之后应该可以从容应对。另外提醒一下家长，孩子呕吐后不要急着喂水和进食，即使喂水，也应少量频饮。

第七章

皮炎湿疹，
孩子受罪，大人心疼

新生儿的皮肤娇嫩，所以容易出问题

　　孩子的皮肤娇嫩，可能稍微大一点儿的孩子体现不出来，但是新生儿的皮肤用吹弹可破来形容，一点儿也不夸张。因为新生儿刚从母亲羊水的保护中出来，刚刚接触这个新的世界，皮肤是新生儿第一层防御外邪入侵的屏障。

　　既然新生儿的皮肤这么娇贵，很容易受伤、罹患皮肤病，这就需要广大的家长朋友进行细心的护理。如果家长朋友们不懂得如何护理新生儿皮肤，就很容易造成孩子的皮肤伤害。这节内容就和大家分享一下新生儿皮肤护理不当的后果和应该如何去护理新生儿的皮肤。

　　首先就是孩子的指甲，孩子身体上长得最快的就属指甲了，每隔两三天就会长出来。孩子刚出生的时候因为对外界事物的好奇，很容易用手到处乱晃乱抓，一不小心就把自己的皮肤挠破了。所以家长朋友们要定时地给孩子剪指甲，以免孩子抓伤自己的皮肤。

　　其次就是帮新生儿洗澡的时候一定要小心，孩子在洗澡的时候有可能会哭闹，家长要有足够的耐心，不可由于孩子的年幼无知产生厌烦的心理，从而在洗澡的时候就失去了信心。并且新生儿的头颈部都十分柔软，无法稳固控制，对于新手爸爸妈妈来说，帮孩子洗澡的时候就更需要细心和小心了。孩子的毛巾要用质地柔软的，而且使用后要把毛巾清洁干净晾晒干，这样才不容易滋生细菌。

有些家长朋友因为孩子在洗澡的时候特别闹腾，一提起给孩子洗澡就直皱眉头，索性就不愿意给孩子洗澡了，还自我安慰地说："以前我小时候生活条件差也不怎么洗澡，也照样活得好好的，长得这么大了也没什么毛病。"

其实这是家长偷懒的借口，现在的环境能和以前比较吗？现在环境污染严重，空气质量也不好，不时会有雾霾，很多脏东西都堆积在孩子的皮肤上，小婴儿又容易出汗，孩子的皮肤长期处于细菌滋生繁殖的条件下，很容易生病。所以要定期清洗，去除污垢。

再则就是给孩子要选用合格安全的纸尿裤，现在家长朋友都尽量想给孩子最好的东西，对于国产的东西都采取不信任的态度，都喜欢买一些进口的产品，但是家长朋友内心是矛盾的，并不是所有的家庭条件都那么的好，去正规超市商店里买进口产品会十分的昂贵，所以许多家长朋友会找国外的代购。

提醒家长一句，并不是所有的代购都是靠谱的，有些买回来的全是垃圾经过二次加工的产品，带有各种漂白剂、荧光剂、消毒剂等，对孩子的皮肤会造成很大的损伤，在临床上经常可以遇见这样的患儿，只要换一种正规的纸尿裤，孩子的临床症状就完全消失了。

在给孩子换纸尿裤的时候切记动作轻柔，最好在每次更换之前都用温水帮孩子擦拭或者清洗一下小屁屁和外阴。家长一般比较注意小女孩的护理，实际上小男孩一样需要。亚洲男性80%以上都存在包皮过长的情况，新生儿也一样，大部分包皮都是裹着阴茎头部，所以在给小男孩清洗护理生殖器的时候，可以用无菌棉签或者纱布蘸水，翻开包皮露出阴茎头部轻轻擦拭，将包皮垢清洗干净。如果长时间不清洗，很容易造成孩子的包皮和阴茎粘连，影响孩子生殖器的发育。

最后就是尽量少给孩子用一些所谓的护肤品，现在广告层出不穷，给广大家长朋友们心中刻上了一种观念，就是给孩子用大量的护肤产品可以保护孩子娇嫩的皮肤，可以给孩子无微不至的关怀，可以防止孩子出现各种各样的皮肤病。但是，在这里奉劝家长朋友，不要跟着广告走！

家长朋友们在给孩子进行洗护的时候，一般用温度适宜的清水即可，尽量少用洗发水、沐浴露之类的洗护用品。洗完澡之后也别模仿有些广告宣传的那样，给孩子用一堆的乳液、爽身粉等之类的东西。因为孩子的皮肤比较稚嫩，毛孔在热水的洗护作用下都处于张开的状态，抹了这些护肤品反而会堵塞孩子的汗腺，影响汗腺的分泌功能，造成孩子的皮肤问题。

再强调一点，有些家长朋友需要学习一下怎么抱孩子，在临床上经常可以遇见不会抱孩子的家长朋友，因为自己不正确的姿势弄伤孩子的身体和皮肤。此外发现孩子有皮肤问题的，不要给孩子滥用药，应该找医生确诊病情并对症下药，而且要注意居住环境的清洁卫生，以免细菌病毒传染影响孩子皮肤健康。有的因为皮肤护理不当，导致皮肤感染。以上这些就是护理新生儿皮肤的几个常见问题，广大的家长朋友可要仔细地学习哦。

2.

痱子、皮炎、蚊叮虫咬，要分清楚

炎热的夏季是孩子皮肤问题的高发时间段，各种各样的痱子、皮炎、蚊虫叮咬的小包层出不穷，广大的家长朋友们并不能很好地区分，治疗的方法也不尽相同。这节内容就向大家介绍一下痱子、皮炎、蚊叮虫咬的具体区分方法。

先从家长朋友们最常见的皮肤病——痱子说起，痱子是夏季孩子最常见的一种皮肤问题。夏天气温上升，有些家长朋友会担心孩子着凉感冒，所以就不敢给孩子脱衣服，其实孩子感觉热，但是苦于没办法用言语表达。在网络上不是流传着一句话叫作："有一种冷叫作妈妈觉得我冷。"说的就是家长朋友给孩子穿得太多了。

过多的衣物会导致孩子分泌过多的汗液，将衣物湿透之后，衣物就会紧贴着皮肤，并且阻碍了汗液的蒸发，毛孔也很容易堵塞，当堵塞的毛孔还在分泌汗液时，就会导致汗液排出不畅，外溢渗入周围组织，就形成了痱子。

既然痱子的形成和汗液的分泌有关，所以痱子发生的部位基本上都是容易出汗的地方，例如头皮、前额、颈、腋下、肘弯、胸、背等部位。痱子也分为红、白两种，一般红痱子常见。红痱子有明显的皮肤瘙痒，并且可以伴随刺痛和烧灼感，一般以丘疹型为主。

孩子因为不适的感觉会用小手去抓挠，家长这时候要尽量制止，因为孩子的双手常常不干净，很容易造成皮肤的感染，最后形成脓疱（临床上称为脓痱子）。

痱子其实是症状最轻微的儿科皮肤病，一般不用在意，应注意个人卫生，注意屋内的温度、湿度，孩子出汗减少，痱子很快就会消退。

为了防止孩子出现痱子，首先就是要给孩子勤换干爽的衣物，保持孩子皮肤的干燥，及时擦汗，现在家庭条件好了，家家户户都安装了空调，可以适当地开空调降低室内的温度，天气闷热，湿度大，可以用空调除湿，给孩子舒适的居住环境，但是切忌用空调对着孩子吹。

因为痱子一般发生在出汗严重的部位，所以在腋下、脖子下等皮肤有褶皱的地方，经常用温水清洗，然后用一些干燥的纱布垫靠，这样可以有效地防止痱子的出现。

再给家长朋友们介绍一下皮炎，皮炎是指孩子皮肤出现的一种炎症性的反应，是指由各种内、外部感染或非感染性因素导致的皮肤炎症性疾患，其病因和临床表现复杂多样。孩子皮炎的产生和孩子的体质、家长的护理也有直接的关系。

孩子的皮肤或黏膜接触某些物质后，在接触部位所发生的急性炎症就是皮炎。上一节内容我介绍过给孩子用的纸尿裤要选用合格的产品，在临床上可以看见有些家长朋友带孩子来就诊，全身上下就纸尿裤的部位起了红红的疹子，一看就知道是不合格纸尿裤引起的接触性皮炎。有的宝宝嘴唇及其周围的皮肤接触了桃毛、杞果后出现红肿，双手接触一些塑料玩具、橡皮泥等就会出现接触性皮炎。

孩子出现接触性皮炎，家长朋友们不要过于担心，因为接触性皮炎有自愈的倾向，只要消除了诱因，孩子很容易就能痊愈。

还有一种小孩常见性皮炎就是日光性皮炎，是家长带孩子晒太阳的时候，让强烈的阳光直接长时间地照射孩子皮肤出现的皮炎。有些家长朋友们听说晒太阳能够给孩子补充维生素，所以就经常带孩子出去晒太阳，也不注意皮肤的防护，就造成了孩子出现日光性皮炎。

日光性皮炎的治疗除了去除诱因之外，一定要到医院就诊，可以使用一些局部外用药物，例如常用的有炉甘石洗剂等。

最后要讲的就是蚊叮虫咬造成的包了，在夏季孩子被蚊子叮咬形成包是在所难免的。有些时候孩子胳膊、腿、脑袋上顶着红红的大包，家长朋友们看着都心疼，孩子因为痒的症状，所以经常回去用小手抓挠皮肤，造成伤口感染。其实一般蚊子咬的包过一段时间就会自愈，不用过于治疗，只需要控制痒的症状即可。

在叮咬的红包初起的时候，可以局部用硼酸水冷敷或薄荷膏止痒，这样可以缓解孩子一定的痒感。如果孩子已经将红包抓挠破损，可以用少量的碘伏消毒，千万不要用酒精消毒，因为孩子皮肤黏膜娇嫩很容易造成酒精过敏。有的孩子属于过敏性体质，对蚊虫叮咬反应敏感，当皮肤红肿严重时，可以适当用一些抗过敏的药物。当然最好是防止蚊虫叮咬，比如外出时可以给宝宝佩戴中药防蚊香囊等。

3.

新生儿湿疹，千万别胡乱治疗

　　新生儿湿疹是一种小儿出现的变态反应性皮肤病，就是接触过敏原导致的，一般出现时，孩子的症状会较重。家长朋友们如果遇到孩子出现新生儿湿疹，看着孩子皮肤发糙、脱屑，都会心痛不已，特别揪心，总是尝试用各种方法竭尽所能地给孩子治疗。

　　很多新生儿都有过长湿疹的经历，我家孩子在满月后有段时间也是满脸的湿疹，看着他红通通的小脸蛋，让人着实揪心。长湿疹后往往会伴有剧烈瘙痒，我也尝试了很多方法给孩子治疗，希望可以减轻孩子的痛苦。

　　因为我本身就是儿科医生，所以对于孩子出现新生儿湿疹并不是太担心，临床上常用的有激素软膏、肤乐霜、炉甘石洗剂等，一般用药后能很快控制孩子湿疹的症状，但是停药后很容易就复发了，不能完全根治。

　　很多家长朋友们都是初为人母（父），面对孩子满脸满身的皮屑，就手忙脚乱的，会尝试着给孩子用各种各样的方法治疗，买湿疹膏、用偏方等等，能用的方法基本上都用完了，可是宝宝湿疹还是反反复复，不见好转。

其实新生儿出现湿疹是比较常见的，多数宝宝1岁以后会逐渐痊愈。家长不用过于担心，平时注意不要给孩子穿得太多，母乳喂养的妈妈注意观察自己的饮食情况是否会导致宝宝湿疹反复或加重，如果有相关性，妈妈就要避免这样的饮食摄入。湿疹明显可用肤乐霜，严重的可适当用激素药膏，面部尽量不用激素药膏。湿疹容易反复，所以初次遇到孩子湿疹的家长，不要觉得抹了药膏就会完全治愈孩子的湿疹。部分家长逐渐会发现，一停药孩子的湿疹就复发，有时复发会比以前严重。如果这样要注意宝宝有可能对蛋白过敏，可能就要调整喂养了，严重蛋白过敏的宝宝需要换吃蛋白水解奶粉。

有些家长朋友们看孩子天天这么难受，再加上去医院治疗了几次，每次都是开一些药膏回来，也不太管用，于是就开始自己琢磨，寻求一些民间偏方的治疗。在临床上经常可以遇见这些家长朋友们带着孩子来就诊，我每次遇到都痛心不已，因为胡乱地给孩子治疗湿疹，很容易造成病情的恶化，甚至会出现生命危险。现在我就和大家分享一个临床上的真实案例，希望广大的家长朋友们可以引以为戒。

那天晚上8点多，一对父母带着一个半岁大的小男孩，慌慌张张地跑到医院急诊室。我一看孩子全身长满了脓包，并且呈昏迷状态，心跳、血压、血氧都不是很好，我赶忙将孩子推到抢救室，联系了重症ICU的医生会诊。

经过一晚上的抢救，孩子的生命体征平稳，总算是脱离了危险，但是我对孩子浑身上下长满脓包很是疑惑，经过化验，还有皮肤科医生的会诊，诊断为败血症，感染性休克，是由皮肤的脓包疮引起的。

经过我耐心地询问病史，才知道这位家长刚开始发现孩子的额头上长了三个像湿疹一样的小红点儿，在小区里聊天听一些大爷、大妈们说去医院开一些药物回来治疗不良反应明显，最好用中药泡浴治疗，这样对孩子没有什么影响，治疗湿疹的疗效也很好。

她就信以为真了，于是找到了小区旁边一家小有名气的中医养生馆，两个多月先后六次去中医养生馆给孩子进行中药泡浴。然而孩子的湿疹不但没有见好，反而红点儿越来越多、越来越大，最后全身长满了脓包，开始溃烂。家长开始怀疑中药泡浴的疗效，于是责问该店的店员，没想到工作人员解释说这是正常现象，是疾病痊愈的一个过程，继续泡浴就能见好。

这位家长朋友也是心大，居然还继续选择相信，结果在一次洗浴后没多久，孩子就晕倒了，这才有了故事开头抢救的那一幕。其实湿疹本身并不可怕，有很多方法都能够治疗，广大的家长朋友们一定要寻求正规的医疗救助，切勿胡乱地治疗。

所以新生儿湿疹的治疗就更要谨慎，必须在医生的指导下用药，一般先用纯中药提取的湿疹膏，用激素给孩子治疗，一般从小剂量开始尝试使用，查看是否有过敏反应。激素类的药物虽然对新生儿湿疹有很好的疗效，但是长期使用会产生依赖性和不良反应，所以不宜给孩子连续使用。

对于新生儿湿疹的治疗，在孩子的看护上也很重要，要尽快地找到过敏原，这样可以尽早地进行有效的防治。在环境上也需要注意，尽量避免孩子接触花花草草等物体，在家尽量不要养花或者摆盆景，定期地开窗通风。最后要提醒广大家长朋友们的就是要尽量避免用化学性的洗浴剂。

4.

小儿汗疱疹，排除身体里的湿气是关键

汗疱疹其实是小儿很常见的一个疾病，有些时候汗疱疹在孩子身上出现的症状并不是很明显，所以有些家长朋友并不会放在心上，这个疾病很容易自愈，并不留下任何的痕迹，很多家长朋友都不知道，只有在某些时候听医生或者看健康类的书籍，通过回想才会知道原来自家孩子曾经也罹患过汗疱疹。

孩子的疱疹是由于手脚分泌汗液过多、汗液潴留于皮内所致，一般夏季较为常见，典型的皮损症状是出现一些晶莹剔透的小水疱，一般不会很大，呈米粒大小，常常分布在四肢，最常见于手指或脚趾之间的缝隙之中。水疱内的液体为透明状，周围皮肤呈正常状态。

其实汗疱疹有点儿像小儿水痘初起时所发的小水泡，有些时候很容易就被认为是小儿水痘。汗疱疹的出现虽然症状较轻，有些时候甚至被家长所忽视，但是它的出现提示孩子的体内湿气重，因为汗疱疹是由于体内湿气重出现湿溢肌表导致的疾病。所以在治疗上可以从"湿"论治，排除身体里的湿气是关键。

一般因为孩子出现汗疱疹来就诊的都属于细心的家长朋友，并不是由于汗疱疹疾病的罕见，而是因为汗疱疹细小，所以在临床上很少碰见家长带汗疱疹的孩子来专门就诊，多是在就诊其他疾病的时候，顺便咨询。当然，也有一些会表述的宝宝会说汗疱疹的地方有些微痒，被家长误以为是脚气。

今年的夏季，我就遇到这么一例，给我留下了深刻的印象。一个妈妈带着孩子来就诊，这是个四岁多的小女孩，母亲来的时候动作非常的轻柔，走进诊室的脚步也是轻轻微微地，一看就是位慈祥的母亲。

她牵着孩子坐下，把孩子搂在怀抱里，抬起头用一种渴望的眼神看着我，缓缓地说："崔医生，我家孩子手上出现了一些小水泡，不疼不痒的，你帮我看看吧，会不会是水痘啊？"说着就把孩子的小手抬起来摊开给我看。

我右手握着孩子的小手，仔细地检查了一番，就看见孩子手指之间的皮肤上出现了一些晶莹剔透的小水泡，有几个还破损了，有清淡透明的水液溢出，十分的不起眼儿。我对孩子的母亲说道："你观察的还挺细致的，是有几个小水泡，有几个还破皮了。"然后我又问："孩子以前得过水痘吗？"

这位母亲点点头，笑了笑然后说道："能不细心吗？跟老公离婚了，现在就我一个人带孩子，平时对孩子我是操碎了心啊，孩子之前得过水痘，那次都治好了，怎么还犯啊？"

因为孩子得过一次水痘之后，会在体内形成抗体，基本上不会再出现第二次发病，所以我安慰孩子的母亲说："不用太担心，不是水痘，你看孩子的水泡主要长在指间缝，应该是汗疱疹，水痘的疱疹多以躯干为主，显示红色的丘疹，再变成疱疹。汗疱疹一般的家长都发现不了，还是你这个做妈妈的细心啊。"

这位家长朋友都有些不好意思了，因为我考虑到她是单亲妈妈，平时一个人照顾孩子也比较辛苦，就和她絮絮叨叨地多交代了几句。我给她详细解释了汗疱疹这个疾病的特点，让她不用过于担心，天气一凉，逐渐就痊愈了，也不用吃药。孩子体内湿气重，可以给孩子祛祛湿气。如果痒，可以用一些炉甘石洗剂。我还给孩子开了几味健脾燥湿的中药，让家长给孩子与米一起熬粥。

我又教了这位母亲一个小方法，能够有助于治疗，就是在外擦炉甘石洗剂之后，可以用消毒棉球或纱布将小儿的五指之间隔开，这样就可以起到干燥皮肤，防止汗液浸润的效果，小水泡也会很快地消失。

过了一周娘俩来调药方，这位妈妈一走近门诊室就说："谢谢崔医生，孩子好多了。当一个单亲妈妈真的不容易，孩子就是我的全部，有点儿毛病我是比一般妈妈都着急，现在我的心里踏实多了。"

我也松了一口气，说："你也挺不容易的，一个人带孩子。不过你要相信，小孩子一般都是发病快，祛病也快，他们没你想得那么脆弱。"我又给她家孩子调了调药方，让她回去给孩子巩固治疗。母女俩说说笑笑地回去了，看着她们离去的背影，我也很欣慰。

5.

多汗的孩子很容易起痱子

在前面的章节中已经介绍过痱子，大家对于孩子身上出现痱子有了一定的了解，在这节内容里，就和广大的家长朋友详细讲讲痱子的由来。

其实痱子是夏季或炎热环境下孩子常见的表浅性、炎症性皮肤病。有些家长朋友这时候要提出疑问，为什么痱子只在夏天的时候出现，其他季节很少见。那是因为痱子的出现要满足几个条件，一个就是生活环境气温高、湿度大，另外一个就是孩子出汗过多。

孩子的汗液不易蒸发，汗液使表皮角质层浸渍，致使汗腺导管口变窄或阻塞，阻碍了汗液的蒸发，毛孔也很容易堵塞，当堵塞的毛孔还在分泌汗液，就会导致汗液外溢渗入周围组织，就形成了痱子。

如果孩子挠破了皮肤，出现了细菌的感染，就会有炎症性的反应。说了这些，大部分家长朋友们应该就明白了，痱子其实就是多汗孩子的特发病，如果孩子出汗少，就不容易生痱子了。

有一点要提醒广大的家长朋友们，现在生活条件好了，所以痱子已经不再是夏季特有的疾病了，就算在寒冷的冬季孩子也有可能发生。虽然在冬季发生痱子的概率很低，但是随着生活环境的日益变化，出现这样情况的孩子越来越多见了。下面我就给大家讲一个小故事，那是我在临床上遇见的一例在冬天出现的小儿痱子。

那时我刚刚评上副主任医师，在临床上已经摸爬滚打了很多年。那时是寒冷的冬季，在北京待过的朋友都知道，北方的冬季十分寒冷。我正在出门诊，一位家长朋友抱着10个月的孩子前来就诊。

这个孩子被裹得严严实实的，用小被子包着，并且脑袋也被蒙上了，也就开了一条小缝隙给孩子呼吸。家长刚坐下就说："孩子是不是得了什么传染病了，身上出现很多小红点点，满身都是，越来越多。"

我听完她的叙述，掀开被子，就看见孩子满头都是红色的疹子，额头上也全是。我又问了句："身上有吗？"家长一边解开孩子身上的被褥，一边连忙说："有，有，有……"

当她撩开衣服，露出孩子身体的时候，我看见孩子的胸前、腋下、臀部等地方布满了红疹，孩子突然失去了被褥的束缚，双手四处地乱挠。我仔细地检查了出红疹的部位，当时并没有下诊断，但是心里嘀咕着："怎么像痱子啊？"

我也不敢这么草率地认为这是痱子，因为大冬天的孩子出现痱子，说错了岂不是闹笑话。我又耐心地询问了家长，孩子在家的一些情况。原来家里本来就安了地暖，室内温度就比较高，大人在家都是穿一件薄薄的秋衣。但是家长怕孩子着凉生病，硬是穿着毛衣绒裤。

北京的冬季比较干燥，空气的湿度不大，很多人都有在家放一台加湿器的习惯，这位家长朋友也不例外，她平时自己老觉得嗓子干燥，就在家放了一台加湿器，一天大部分时间都开着，这无疑就造成了空气中湿度的加重。

她家的孩子容易出汗，她又给捂了这么多的衣物，孩子整天内衣湿漉漉的，用家长的话说就是每天都得给孩子换好几次衣物，不然就和水捞出来的一样。空气湿度高，又加上衣物的覆盖，孩子的汗液得不到有效地蒸发就出现了痱子。

通过家长的描述，我更加确定了当初的诊断，就和家长说："孩子是得了痱子。"家长听了一脸的诧异："冬天也会得痱子。"我笑道："我也觉得奇怪，确实是少见，但这就是痱子。"

我就用之前的章节讲述过的治疗方法给孩子进行治疗，并且交代孩子的家长回去之后别再给孩子穿这么多衣服了，孩子其实并不会觉得冷，生活条件好了，出行就是坐车，车上又有暖风，家里也是，本来接触到寒冷环境的机会就较少，不必给孩子裹这么多的衣物。时不时也可以给孩子用干棉布擦擦汗，加湿器可以开，但要注意室内的湿度适当，还要注意开窗通风。

听完我的叮嘱，家长拿完药就抱着孩子回去了，临走的时候还有些半信半疑，问我："崔医生，真的是痱子啊？"我笑着点了点头。过了一段时间，家长自己来看病顺便到我这里，这回她不再有疑问，说："真是纳了闷了，孩子大冬天的得痱子，谁都想不到，用完药，按照您教的方法做了，孩子很快就好了。"

我笑了笑说："是不常见，主要还是你们家里温度太高，又生怕孩子冻着。"家长给我看了几张手机里孩子的照片，我看这回孩子穿得不多了，不再裹得严严实实的了。

6.

治疗小儿过敏性皮炎，关键是要找到过敏原

对于治疗小儿过敏性皮炎，关键是要找到过敏原，过敏原也分为很多种。动物过敏如皮毛、皮屑、尘螨等；食物过敏如牛奶、鱼虾、坚果等；药物如抗生素等；昆虫蜇咬；霉菌；植物花粉；塑料、金属制品等。常见的过敏原如食物、花粉、尘螨等。

对于有明确过敏原的皮炎或其他过敏性疾患，只要去除过敏原，并且确保以后远离过敏原即可避免发病。但是有些孩子的过敏原非常的常见，是生活环境中难以避免的。举个简单的例子，有些家长朋友们带孩子去医院检查过敏原，一脸的愁眉苦脸，原来他家孩子居然对尘螨过敏，生活中实在难以避免。这样的孩子，家长一抖被褥孩子立马喷嚏咳嗽。

再举个例子，例如对小麦过敏导致的小儿皮炎，对这种过敏原过敏的宝宝，就要注意回避，饮食中不要摄入面粉制作的食物，皮炎就不会发生。

对于治疗小儿过敏性皮炎，让我印象深刻的是我的小侄女，小侄女叫甜甜，

也是过敏性体质，很容易就犯过敏性皮炎。平时就因为过敏皮肤很糙，身上经常会有一片皮疹，因为痒不时就会抓几下。我作为一个儿科医生，自家人的孩子的老毛病，当然我就是主治医生了，因此也得出了很多治疗经验和一些治疗的小办法，现在我就和广大的家长朋友们分享一下。

那时甜甜已经五岁多了，有一天突然接到表弟的电话，跟我说甜甜全身都是皮疹，要找我来看看，我当即告诉他们直接过来，我正好当天出门诊。

表弟带着甜甜来到诊室，顾不上多寒暄，就跟我讲起孩子发病的缘由。前一段日子表弟和弟妹带着甜甜去参加了同事的婚礼，酒席上有一道滋补的菜——清炖甲鱼。

因为这道菜算是喜宴上的硬菜，在大家的心目中也是属于有营养的菜肴，桌上的同事都关照孩子多吃一些，孩子吃了不少，还舀了一碗汤，并且直呼好吃，很喜欢。

但是回到家刚要睡觉的时候，发现孩子整个人就不好了，也没别的什么严重症状，就是全身痒得厉害，原先长皮疹的地方更红了，身上其他地方也长了很多红的小皮疹，奇痒无比。当时他们也没往甲鱼上去想，以为孩子是热得，导致皮炎加重了。

因为表弟和我们都定居北京，所以时常见面，对于一些治病小招跟我也学了几手，他说："表姐，我记得你之前说过用艾叶泡水给孩子擦擦身子，可以缓解孩子皮肤瘙痒的症状。我就给孩子一边泡澡，一边用艾叶蘸取温水擦拭全身。孩子全身奇痒无比的症状很快就缓解了，手指肿胀感也消失了。因为孩子的症状很快就得到了缓解，当时我也没多想，就让孩子睡觉了。"

表弟接着叙述，本以为那次之后甜甜就没事了，过了几天一家人去饭店吃饭，孩子提出还想喝甲鱼汤，正好饭馆有这道菜，我们就又给孩子点了这道菜，孩子吃得挺香，回家之后，孩子出现了相同的症状，全身皮疹又出现了，身上奇痒无比，比上次还严重。这时表弟才突然意识到可能是甲鱼过敏引起的皮炎症状。

因为知道甜甜对甲鱼过敏，给她进行完诊断治疗后，我就叮嘱表弟以后不要再让孩子吃甲鱼类的东西。这是常见的食入性过敏原导致的小儿过敏性皮炎，广大的家长朋友一定要细心，尤其过敏性体质的孩子，注意发现孩子的过敏原，这样就能很容易避免孩子出现过敏性皮炎。如果孩子已经出现了过敏性皮炎的症状，也可以试试用艾叶草给孩子泡澡的方法，水温不要太高，但是皮疹有明显渗出的不适用。

荨麻疹，注意避免过敏原

一提到荨麻疹，有些家长朋友就面露难色，因为荨麻疹在民间被谣传得十分厉害，是个严重的疾病，并且没有什么好的办法医治。

荨麻疹为什么会在民间给大家造成这么深刻的影响呢？这和它的发病有关系，一些荨麻疹进展很快，往往累及脏器，所以就会出现一些较重的症状，甚至危及生命。不过一般来说荨麻疹主要表现为皮肤症状，不会累及脏器，虽然瘙痒明显，但不会很严重，所以一般都不会造成生命危险，家长朋友不用过于担心。

荨麻疹也可以归到过敏性疾病的一种，因为是孩子体内免疫系统对过敏原过度反应导致的。

荨麻疹被中医称为"隐疹"，说明皮疹时隐时现。常皮肤瘙痒明显，随即出现风团，呈鲜红色或皮肤色，少数呈现水肿性红斑。风团的大小和形态不一，发作时间不定。风团逐渐蔓延，也可融合成片。中医认为本病和风有关。风的特性就是"善行而数变，居无定处"，而荨麻疹就和风一样来得很快，消失也很快，消失后不留任何痕迹，但又容易复发，一天中可出现数次。

有些家长朋友对于孩子出现荨麻疹的症状过于紧张了，担心荨麻疹容易反复。荨麻疹多是接触了过敏原，或者对细菌、病毒这些病原微生物过敏，所以有些时候是在发热过程中出现荨麻疹。另外荨麻疹的发生也取决于人体的状态，随着孩子年龄的增长，免疫功能完善，或对某些容易过敏的东西逐渐耐受，就不发病了或很少发病。

我在出门诊的时候每周都会碰见几个荨麻疹的患儿，他们遇到的大多数问题是无法控制住肤痒的症状，所以孩子老是会用小手去挠，导致身上皮肤出现一条条红色的抓痕。

前段时间我就碰见这样一位患儿，他是个四岁多的小男孩，家长刚带他来就诊的时候，掀开衣服一看，我当时就惊呆了，他是属于比较严重的荨麻疹，手臂上、肩上、背部出现了许多扁平状的红色团块，融合成片，伴有明显的瘙痒症状，孩子时不时地用小手去挠，有些地方已经出现皮损的现象。

我当时就用责怪的口吻对家长说："怎么现在才来看啊？"家长面露愧疚的表情告诉我："平时工作忙就放在幼儿园托管，晚上也是姥姥、姥爷带，姥姥、姥爷从乡下来的，什么都不太懂，孩子身上红色的团块一时好，一时差的，就认为是虫子咬的，所以就拖了挺长时间，这不症状严重了，被我发现，才来医院就诊的。"

我看孩子症状比较严重，就先给孩子用了一些抗过敏的药物，缓解严重的过敏症状。然后向家长交代，这个疾病需要从三方面入手，首先就是避免过敏原，如果皮肤症状持续反复，就要做过敏原筛查，让孩子尽量避免接触过敏原。

其次是家长的精心护理，荨麻疹比较顽固，发作期间需要做好相应的护理工作，孩子出现肤痒的症状时，尽量让孩子不要抓，因为刺激皮肤会使皮肤出现更加严重的症状。平时在家给孩子准备饮食也需要注意忌口，不要吃鱼虾蟹这些容易引起过敏的食物，勿吃辛辣食物。

最后给家长介绍一种药物，前面反复提到过，就是炉甘石洗剂。我还教这位家长朋友一个小窍门，怎么才能防止孩子挠皮肤。孩子不停地挠皮肤，一般都是肤痒造成的，只要解决了肤痒的症状，孩子自然而然就不会挠皮肤了。

这个药物给孩子抹上之后，会很好地控制肤痒的症状，孩子的皮肤不痒，就不会用小手去挠了，要注意的是如果皮肤出现了皮损现象就不要用了。

这位家长朋友听完我的交代，拿了药就带孩子回去了。之后每周三都回来复诊，经过一个月，孩子的症状已经基本消除了。

脓包不一定是水痘，还可能是脓疱病

在前面的章节中介绍过一种表现为皮肤丘疱疹的传染性病——水痘，有个需要和水痘鉴别的疾病就是脓疱疮，因为两者在临床上有一定的相似症状，所以广大的家长朋友们有可能搞错。其实脓疱病的临床症状典型，很容易就能诊断，在临床上基本上不会和水痘相互混淆，大家看完我接下来在这节里要介绍的内容就会完全明白。

脓疱病是孩子常见的感染性皮肤病，一般是由于金黄色葡萄球菌或者溶血性链球菌感染引起的。此病好发的部位和水痘有明显的区别，脓疱病好发于孩子的口、鼻部的皮肤和婴幼儿的纸尿裤区域，或者暴露在身体外的四肢，而水痘基本上都分布在躯干上，四肢较少，所以描述为离心性分布。另外，水痘里的疱浆很晶莹。

脓疱病在孩子身上体现为一些米粒状的小疱，然后迅速地增大，疱内的液体混浊，多是脓液变成黄脓状，分成上下两层，脓液沉在底部，上面是清亮的液体，这就是脓疱病典型的临床症状，称为"半月形的积脓现象"，在临床上和水痘可以很好地鉴别。

有的脓疱疮先表现为红斑，之后红斑上生成薄壁的水疱，迅速转变为脓疱，周围有明显的红晕，脓疱破后其渗液干燥结成黄色厚痂，痂不断向四周扩张与邻近皮损互相融合。由于有些瘙痒，孩子常会用手搔抓，在搔抓部位还会出现新的皮疹。小儿患处临近的淋巴结处可扪及肿大。

我在临床上碰见孩子患脓疱病，一般注意戴上手套进行防护，因为脓疱病是具有传染性的。曾经就有一个跟着我的实习学生，他是个本科生，是个南方的孩子，被安排跟着我出门诊。

记得有一天出门诊的时候，来了一个脓疱病的患儿，孩子家长带着来的，当时他们走进诊室的时候，我因为旁边还有病人，就让实习的学生先问诊一番，这样不但节约诊断的时间，减少病人的等候时间，也能很快提高学生的诊治能力。

可是我忽略了一点，这个患儿是个脓疱病。我在这边看病的时候，会时不时地注意一下实习学生那边的情况，隔了一张桌子远远地我就看见孩子的口鼻部有脓疱，有些地方已经结成金黄色的脓痂。因为在临床上看得多了，第一个反应就是判断传染性的皮肤病，只见这个实习学生很认真，居然用手直接触摸患儿的疱疹。我看见后立马制止了他，赶紧让他去洗手，我将孩子的家长叫到我的诊桌前，亲自给孩子进行检查。我戴上一次性的橡胶手套，然后给孩子检查，孩子的家长问我是不是得了水痘了。我仔细地检查后，判断为脓疱疮。

我首先向家长介绍了这个疾病的传染性情况："你看我给孩子看病的时候触诊戴了手套，所以你们在家也要注意防止传染，回家之后把孩子的衣物和被褥进行清洗，然后在阳光下进行晾晒。"家长用手接触后一定及时洗手，避免被孩子传染了。

对于孩子脓疱病的治疗在临床上其实有一个很有效的外用药，就是莫匹罗星。莫匹罗星可以有效地杀菌防止脓疱病的扩散。我在开这个药的时候，家长问道："有没有什么中药的外用药物，这样不良反应会小一些。"其实这个外用药物局部治疗有效，没有明显的不良反应。中药也有一些药膏具有消炎作用，配合应用。处理完孩子之后，我的实习学生洗手消毒回来了，我用责备的口吻教育他："给孩子看病的时候也要注意自身的防护，有些时候很容易就被传染上一些疾病，以后得注意。"实习学生也不好意思地点了点头。

两周过后，这位孩子回来复诊，我又查看了一下孩子的身体症状，发现之前的脓疱基本都消失了，留下一些淡灰色的痕迹。家长要求还挺高，非得让我给孩子开一些去疤的药物，这样孩子皮肤太难看了，我说道："这些痕迹的颜色慢慢就变浅了，不用太担心。"家长听完才释然了。

9.

哪些食物对缓解皮肤病有帮助

孩子得了皮肤病，是广大的家长朋友们最担心的一件事，不仅内心十分担心孩子的身体健康，看着孩子饱受皮肤病的困扰也十分的焦急，并且带孩子去医院看病，是件很烦人的事情。特别是在大城市里，看病确实是一件让家长头疼的事情。所以家长朋友就有必要学习一些常用的医学知识，帮助宝宝解决一些问题。

其实为了孩子少生皮肤病，减少去医院的麻烦，除了去医院寻求专业的药物治疗之外，家长朋友在家有没有什么好的办法呢？增强孩子的抵抗力才是关键，怎样才能提高孩子的抵抗力呢？可以从孩子的饮食着手，因为健康的孩子不可能用药物来增强抵抗力，再加上现在的保健品非常的不安全，根本就不敢给孩子使用，所以饮食是增强孩子抵抗力最好的方法。

但是根本不存在吃了哪一种神奇的食物就能够立刻达到预防治疗孩子皮肤病的效果，因为皮肤病是和孩子整体的身体素质状况密切相关的。所以家长朋友们要想预防孩子得皮肤病，一定要注意营养均衡。现在我就向广大的读者朋友们介绍几种食物，对预防孩子得皮肤病有很好的作用。

首先要说的就是过敏性皮肤病，一方面是孩子有过敏性体质的原因；另一方面是接触过敏原引起的。除了尽量避免孩子接触过敏原之外，还需要提升孩子自身的抵抗力，增强孩子的体质，这样也可以减少过敏性皮肤病的发作。

❶ 推荐食谱：蜂蜜炒香蕉

适合孩子：3岁以上。

蜂蜜炒香蕉的制作方法：先将香蕉切片，在锅中加入适量的橄榄油（此处不要加入动物油，最好用纯天然的橄榄油，才不会破坏蜂蜜的结构），炒至两面焦黄。舀两勺蜂蜜，用温水冲泡，均匀后加入锅中，使香蕉片表面布满黏腻的蜂蜜即可出锅。蜂蜜是自然界赋予人类的财富，能够很好地预防过敏，因为其中含有微量的蜂毒，在临床上已经被用来治疗支气管哮喘等过敏性疾病。

❷ 推荐食谱：银耳菊花大枣枸杞粥

适合孩子：4岁以上。

银耳菊花大枣枸杞粥的制作方法：先将银耳加清水泡发，摘去根部，撕成小朵。砂锅水开后放入大米、银耳大火煮开，小火继续煮半个小时。然后加入菊花和无核金丝枣、枸杞子，继续煮半个小时左右，当锅中有枣香味飘出时，就出锅晾凉。大枣中含有大量抗过敏物质——环磷酸腺苷，可阻止小儿过敏性皮肤病的发生。

❸ 推荐食谱：胡萝卜菠萝汁

适合孩子：1岁以上。

　　胡萝卜菠萝汁的制作方法：这道食谱制作方法非常简单，选取一个菠萝和三根胡萝卜，将菠萝肉和胡萝卜切成直径约为3厘米大小的块状，然后将其放进榨汁机中，加入一杯纯净水榨成汁既可。胡萝卜中的胡萝卜素能有效预防孩子出现花粉过敏症、过敏性皮炎等皮肤过敏性反应。

　　另外要说的是炎症性皮肤病，炎症性皮肤病一般是细菌或者病毒感染引起的，中医药膳对于炎症的治疗，一般以清热解毒为主，所以家长朋友在家给孩子准备饮食的时候也可以从这方面入手，多用一些清热解毒的食疗方法。

❹ 推荐食谱：薄荷金银花粥

适合孩子：2岁以上。

薄荷金银花粥：金银花本身就具有清热解毒的功效，对于红、肿、热、痛的炎症性皮肤病有很好的疗效，加入粥中，粥者缓也，意取糜粥自养之功效，长期服用可以预防炎症性皮肤病。先将大米和新鲜的金银花洗干净，然后一同放入锅中炖煮，当米粒和金银花一同煮烂之时，用舀勺轻轻地搅拌，使金银花捣碎混入粥中成米糊状即可出锅，放入两片薄荷即可食用。

10.

常见的外用药物，父母一定要弄清楚

　　其实现在医疗条件和我小时候相比，已经改善许多了，大部分家长朋友都会在孩子出现皮肤病的时候去医院寻求专业的治疗帮助。但是家长朋友一定要对一些常用的外用药物有所熟悉，这样在家就能够给孩子用一些药物来缓解症状。

　　在这节内容里给大家详细介绍几种常用的外用药物，这样家长朋友就可以给孩子抹一些进行简单的治疗，把一些皮肤病扼杀在摇篮里。

　　首先介绍的就是清凉油，因为这是居家最常用的外用药，清凉油是用薄荷脑、樟脑、桂皮油、桉叶油等加石蜡制成的膏状药物。经常用于蚊虫叮咬、皮肤瘙痒或者有轻度烫伤，取清凉油涂抹患处，既能活血消肿，又能镇痛止痒。

　　当孩子的胳膊上出现一些红包或者疹子，只要有瘙痒的症状，家长肯定会第一个想起清凉油，然后在孩子的患处涂抹一点，既能够缓解孩子肤痒的症状，又能够防止孩子用手挠抓皮肤。但是在使用清凉油的时候一定要防止沾到孩子的眼睛，有些时候孩子的小手碰到患处，沾上一些清凉油就去摸眼睛，造成眼睛的不适感。

其次介绍的就是小儿湿疹膏、肤乐霜，它们均为植物药，是用于小儿湿疹的，孩子长了湿疹，非常的难受，经常会出现强烈的哭闹，因为湿疹处的皮肤痒痛症状明显。看着孩子身上发红的疹子，家长都会着急，心痛的不得了。湿疹膏是由纯天然的一些温和性油脂精制而成的，加入了一些祛湿止痒的天然草本植物精华，温和有效无刺激，可以缓解孩子各种肌肤不适，具有舒缓维护和祛湿的专业护肤功效。

家长在使用湿疹膏之前，一定要用温毛巾将孩子患处的皮肤擦拭干净，然后再抹上薄薄的一层湿疹膏，无需用纱布包裹，使患处暴露在空气中，一般使用三四天过后，孩子身上红色的湿疹即可消退，呈现出正常的肤色。

再要介绍的就是莫匹罗星，这也是临床常用的皮肤外用药物，它是常用的外用抗生素，对于一些炎症性的皮肤病有很好的疗效，例如脓疱病、疖肿、毛囊炎等。在使用莫匹罗星治疗小儿皮肤病的时候要注意，千万不可多用，在患处的局部使用即可。

小儿的肝肾功能没有发育完全，即使是外用药也要适可而止，因为同样会经皮肤吸收。所以一定要使用小剂量，以防出现不良反应。

炉甘石洗剂也是小儿皮肤病常用的药物之一，这个药物和之前讲的皮肤病外用药性状都不一样，是一种水和粉的混合制剂，平时放置的时候水在上层，药沉淀在下层。家长在给孩子使用的时候必须注意先摇均匀，然后用一次性的棉签涂抹在患处。

炉甘石本身就具有消炎、杀菌、止痒的作用，通过洗剂外用后，蒸发水分，可以进一步降低皮肤温度，减少炎症产生的热量，以达到治疗作用。运用炉甘石洗剂治疗小儿皮肤病的时候，可以适当增加涂用洗剂的次数，每天五六次。

最后给大家介绍的就是含少量激素的外用药——无极膏，这种外用药有些家长朋友在家会经常给孩子使用，因为它对于控制皮肤痒痛非常有效，再加上有些单位发的夏季劳保用品当中就有无极膏。有些家长朋友就简单地认为单位发的一般就是保健用品，不会有什么不良反应，所以就频繁地给孩子使用，还一边用，一边夸奖这个药物的功效。其实无极膏中含有冰片进行止痛消肿，薄荷脑促进血循环及消炎、止痒，减轻皮肤水肿。它还含有少量的丙酸倍氯米松。我一说大家就明白了，丙酸倍氯米松是一种强效局部用糖皮质激素，能减轻和防止组织对炎症的反应，从而减轻炎症的表现，所以无极膏的作用高效的原因之一就是含有激素。

在家给孩子用无极膏时，一定要适量，虽然少量的激素不会给孩子造成什么影响，但是长期大量地使用，再加上孩子的肝肾功能低下，药物代谢水平低，就很容易造成药物在体内蓄积，形成不良反应，所以要慎用。

介绍了这么多种常用的小儿皮肤病外用药，广大的家长朋友都应该有所了解了，在家给孩子使用时，一定要注意选用原则，把握不准时一定要去医院就诊，寻求专业的治疗，切记不可在家滥用药！

第八章

孩子得了鼻炎、鼻窦炎怎么办

1.

对于过敏性鼻炎，预防重于治疗

过敏性鼻炎听起来和孩子是多么遥远的事情，其实很多孩子都会有一些过敏性鼻炎的症状，随着生活环境的日益变化，有这种症状的孩子越来越多见，在临床上遇到这样的患者也越来越多了，我出门诊的时候，一上午总能遇到几个过敏性鼻炎的孩子。

说一个症状，广大的家长朋友就会明白，有些小孩子因为鼻子痒老是喜欢摸自己的鼻子，严重的可以发现孩子的鼻头都被摸出皱纹，甚至起皮。变应性皱褶是过敏性鼻炎的典型体征之一，由于鼻塞严重，下眼睑可见肿胀的暗影，称为变应性黑眼圈，是另一个体征。

过敏性鼻炎轻微的时候就是鼻痒，严重的时候会出现频繁打喷嚏、鼻塞、流鼻涕，甚至引起咳嗽、熟睡中打呼噜，广大的家长要充分重视。

之前介绍过很多种过敏性的疾病了，我在本书中也再三强调过，这些过敏性疾病有一个行之有效的治疗方法，那就是远离过敏原。过敏性鼻炎作为过敏性疾病的一种，当然也不例外。

有些家长朋友带孩子去查了过敏原之后，一脸的垂头丧气，原来孩子的过敏原筛查结果显示食入性和吸入性过敏原都是阴性，只是对冷空气过敏。这实在让家长无法淡定。对花粉、尘螨、霉菌、动物皮毛都可以想法避免，尽量地远离，但是冷空气就让家长彻底心烦了，大冬天总不能让孩子不呼吸吧，所以有些孩子一到秋冬，天气变化剧烈的季节，对冷热的交替非常敏感，过敏性鼻炎就加重了，就是这个原因。

孩子在上幼儿园的时候，由于我是医生，所以班上很多孩子的家长都会隔三岔五地带孩子来找我看病。记得有个小朋友平时和我家孩子很要好，两个孩子整天黏在一起，她的父母老是和我打趣要结亲家。

这个小女孩就有过敏性的鼻炎，一天她父母带她来医院找我，我当天没有出门诊，在病房的办公室里待着，只见她们焦急地走进办公室，小女孩拿着纸巾不停地擦鼻子，还眼泪旺旺的，我赶忙安慰小女孩，把她抱起来。

经过我耐心的询问，原来孩子本来就有过敏性鼻炎，去查过敏原显示对花粉过敏，父亲平时工作忙，没什么时间陪孩子，内心愧疚，想在周末的时候弥补一下父爱，所以就带孩子去郊区采摘去了，孩子的母亲刚好不在家。

去的时候还挺高兴的，没想到采摘完一回到家，孩子的鼻子就不行了，开始是不停地打喷嚏，然后就流鼻涕，用纸巾不停地擦拭鼻子，小鼻子被擦得红通通的。

母亲回来之后看见孩子这样了，因为之前孩子老犯，所以一眼就瞧出来孩子过敏性鼻炎又犯了，于是就问孩子的父亲，周末都带孩子干什么去了，怎么她没在家两天，孩子就这样了。孩子的父亲轻描淡写地说带孩子去郊区采摘了，母亲一听火气"噌"的一下子就上来了，对孩子的父亲是百般责怪："不是知道孩子有过敏性鼻炎，对花粉过敏，居然还带孩子去采摘！"

　　我问清楚了原因，开导安慰了小女孩的父母，孩子对花粉过敏，以后尽量避免。不得已暴露在过敏原环境中，一般脱离过敏原，症状就会改善，再对症用些药，孩子过敏性鼻炎的症状也就缓解了。

　　为了让孩子尽快地恢复，能够尽早地回到幼儿园，我通过望、闻、问、切，给孩子开了几副治疗过敏性鼻炎的中草药，让家长回去给孩子煎服。又配合了一种喷鼻子的抗过敏的药。然后语重心长，捎带一些责备的口吻向孩子的父亲交代："平时都是母亲带孩子来看病，所以对孩子比较了解，你看你平时不怎么管孩子，带了一两天，孩子就出现了这样的问题。你也得好好地学习一下，过敏性鼻炎最好的治疗方法，就是预防为主，只要搞清楚过敏原是什么，尽量避免让孩子接触它。"

　　孩子的父亲听了，有点窘迫，连声说："是是是……"我又教给他们一个缓解过敏性鼻炎的小方法，回家之后用生理盐水冲洗一下鼻腔，可以清除残留的过敏物质和一些炎症物质。另外，我教给家长几个穴位，如迎香、鼻通穴，让家长回家检查按摩，既可以改善鼻塞，又有预防作用。

　　没过几天就听到我的孩子说小女孩回幼儿园上课了，和他一起玩耍，也没有什么异样的症状了。我听完后长长地舒了一口气，这下她父母不会吵架了。

2.

雾化熏鼻，在家就能操作的方法

有些孩子罹患鼻炎、喉炎、哮喘等疾病影响到呼吸的时候，医生经常会使用的一种治疗方法就是雾化吸入，目的就是通过雾化的方式让药物充分地和病变的部位接触，减轻鼻、咽喉、气管等部位的炎症反应，从而改善症状，达到治疗疾病的目的。

而过敏性鼻炎、哮喘往往需要雾化的时间长，如果每天去医院用雾化器做治疗，到了医院碰到做雾化患儿多的时候，也得排队等候，也增加了感染的机会。所以像这样的病人均强调家庭治疗管理。碰到鼻炎或者哮喘急性发作，也可以及时用药。

但是即便是家庭治疗，也要在医生的指导下进行，对于鼻炎、哮喘要规范用药。

曾经有个北京郊区的家长朋友带着孩子来找我看病，他家孩子有轻微的哮喘，平时感觉鼻子老是不通气，经常吸溜鼻子。过敏性鼻炎和哮喘属于一个气道的两个疾病，很多哮喘的孩子有鼻炎，过敏性鼻炎的孩子也容易并发哮喘。

家长已经带孩子在离家近的医院就诊过了，询问一下治疗情况，每次用点儿药就好了，也没有接诊治疗。由于治疗不规范，所以孩子的鼻炎、哮喘经常反复。最近这次发病，治疗了一周多，疗效不是很明显。家长看着孩子整天鼻塞，还哮喘，就带孩子来城里的医院就诊。

我给孩子检查了一番，其实很明确就是小儿哮喘，鼻黏膜苍白水肿，鼻腔明显狭窄，孩子肯定呼吸不畅、憋气。晚上睡觉的时候，孩子鼻子堵得呼吸声很大。我当天就给孩子做了一次雾化吸入的治疗，加了一些舒张气管的药物。

记得当天这个孩子来看病的时候，排队还比较靠前，八点多刚上班我就开始给他治疗，等家长带着孩子做完雾化吸入回来时，已经快中午十一点半了。孩子做完雾化吸入之后，症状就有所缓解了，一直在说："这几天从来都没有这么舒服过，呼吸顺畅多了，鼻子也通气了，感觉真爽。"

我一看孩子对雾化吸入治疗很敏感，应该接着做，刚想再给孩子开几次，连续做，没想到孩子的家长面露难色地说："崔医生，我们家住在延庆，离这里太远了，坐车到这里得几个小时，一天全折腾在路上了，光口服药物行吗？"

其实对于孩子的疾病最好是用雾化吸入的方法治疗，在发病期疗效非常明显，而且作为规范治疗，后续也要维持治疗。

既然家长觉得需要规范化治疗，平素孩子常会有急性发作，而且经常在夜间，都要着急看急诊，与其这样，不如购入机器在家治疗。家长立马上网了解雾化器的价格和投递天数，一会走进诊室和我说："崔医生，你把药给我开了吧，我回家做吧，我刚才网购了一台机器，明天就到了。"我不禁感慨网购的便捷，给他开了药，提醒了一下注意事项，特别强调雾化完以后要洗脸、漱口，有的家长在睡觉前给孩子雾化药物，没有坚持漱口，导致孩子出现鹅口疮。并给孩子开了一些生理盐水，嘱咐家长遇到雾霾天，孩子鼻子不舒服的时候，可以用生理盐水雾化冲洗一下鼻子。

这位家长朋友后来带孩子又来看别的病，由于坚持规范化治疗，小朋友这一两年身体特别好，偶尔有点小感冒，也没有出现哮喘，用点儿感冒药，很快就好了，孩子长大长结实了，不仔细看，都认不出来了。

3.

慎重对待鼻炎引起的并发症

人们现在对鼻炎这个疾病已经耳熟能详了，有些家长朋友对于小儿鼻炎不够重视，即使孩子出现了一些鼻炎的症状，也认为是感冒，断断续续地给孩子用一些药物治疗，总是认为鼻炎是大人患的病，当知道孩子患了鼻炎时，有的家长很诧异。久而久之就形成了并发症，其实大多数的鼻炎并发症都是没有及时治疗而引起的。

如果孩子出现了鼻炎并发症，一般都是比较严重的症状，孩子会痛苦异常，所以广大的家长朋友千万不可掉以轻心。在这节内容里，我就给大家详细地介绍几种常见的鼻炎并发症。

首先要讲的就是最常见的鼻炎并发症——支气管哮喘，前面讲的过敏性鼻炎很容易继发哮喘。

孩子出现反复喘促、端坐呼吸、胸闷气短等症状，多在夜间入睡的时候和运动后发作，此类症状常伴有气道阻塞，有些时候会自行地痊愈。家长会说晚上咳嗽，听着气管有点声音，白天又正常了。这就是有些家长朋友不重视的地方，认为这个病比较轻，不治疗孩子自己也能好，所以就放任了。其实大部分出现支气管哮喘并发症的孩子都需要通过治疗才能很好地控制，广大的家长朋友需要引起重视。

其次要介绍的鼻炎并发症就是分泌性中耳炎，这也是十分常见的并发症。鼻咽部通过咽鼓管与中耳相连，小儿的咽鼓管短、宽而平直，鼻咽部如果有炎症，鼻腔会分泌很多的黏液，如果没有给孩子及时地进行清理，鼻咽部的分泌物易经咽鼓管进入中耳引起炎症。

孩子出现分泌性中耳炎，不一定表述得清楚，家长要注意观察孩子的日常反应，幼儿则表现为对周围声音反应差、抓耳、睡后易醒、烦躁。婴儿对周围的声音没有反应，不能将头准确地转向声源；即使孩子没有说听力下降，家长如发现患儿漫不经心、行为改变、对正常对话无反应、在看电视或使用听力设备时总是将声音开得很大。应警惕分泌性中耳炎。要及时带孩子到耳鼻喉科做耳镜和声导抗等检查。

对于分泌性中耳炎首先就是要治疗鼻炎这个原发病，因为鼻炎得到控制之后，分泌性中耳炎很容易就能治好。

再给大家介绍一个严重的鼻炎并发症——化脓性脑膜炎。因为鼻炎和鼻窦炎一般都是同时存在的，人体上有四对鼻窦，它们分别是额窦、筛窦、上颌窦、蝶窦，当鼻炎发作累及鼻窦的时候，会破坏这些鼻窦体，形成一些脓液，在鼻部有非常丰富的血管网，离颅脑又近，细菌通过血液循环、淋巴循环会进入颅脑，这样就很容易造成颅脑的病变。

孩子如果出现颅脑的病变，一般会有一些严重的症状，例如神志方面的改变，出现昏迷、抽搐、呕吐等。对于颅脑的病变，这就和前面讲的分泌性中耳炎的治疗有些不同。因为颅脑的病变有可能会危及孩子的生命，并且预后不良，易造成后遗症，所以鼻炎也不能小觑。

最后介绍一种不常见的鼻炎并发症——鼻息肉，这是由于孩子鼻部长期受到炎症刺激，炎性组织不断地增生，久而久之就形成了鼻息肉。

孩子出现鼻息肉的时候，如果症状较轻，一般还是提醒家长朋友重视鼻炎，以积极治疗鼻炎为主。

说了这么多，广大的家长朋友应该对鼻炎并发症有所了解，最主要的就是对鼻炎引起重视，及时治疗鼻炎，这样就能避免孩子出现并发症。

4.

帮孩子养好肺，卫气充足很重要

　　在秋季有个非常时髦的养生话题就是养肺，中医讲究天时、地利、人和，为什么在秋季给孩子养肺效果最好呢？因为肺属娇脏，最易受到外邪侵袭，在四时又与秋季相对应。并且秋季的天气比较干燥，而肺喜润恶燥，空气中的细菌、病毒、粉尘在秋季的时候浓度高，最容易对肺进行侵害。在北京生活的朋友们会有明显的感受，每到10月份，天气转凉，北京的雾霾天气就开始增多，几乎每年都这样。

　　如何才能养肺呢？肺属于人的呼吸系统，主司呼吸，与外界环境相通，最易受到侵袭，此时就需要孩子体内的抵抗力来抵御外邪，这就是人的卫气。当孩子的卫气充足时，机体的抵抗能力就强，所以就能够抵御外邪的侵袭，御敌于外；当孩子的卫气虚弱时，机体的抵抗能力就弱，所以正不胜邪，邪陷于里了。

　　帮助孩子养好肺，卫气充足就显得尤为重要了。现在生活条件好了，医疗保健广告漫天飞，很多家长朋友都被忽悠得信以为真，我在出门诊的时候经常会遇见家长朋友们问："孩子体质这么弱，用不用吃一些保健品增强体质，我们也不太懂，崔医生给推荐几样吧。"

其实根本就没有必要给孩子吃保健品增强体质，因为有些保健品本身就没有什么真实的作用，只是广告夸大宣传而已。中医讲究药疗不如食疗，其实饮食是最好的保健品，家长朋友们只要在孩子的饮食上下够了功夫，也可以起到养肺的效果，接下来给大家介绍几种养肺的食谱。

❶ 推荐食谱：百合猪肺汤

适合孩子：5岁以上。

百合猪肺汤的制作方法：百合本身就是常用的润肺中草药，具有润肺止咳、清心安神的作用，尤其是鲜百合更甘甜味美，特别适合养肺的孩子食用。猪肺作为动物内脏，现在人基本上都很少食用，只有老北京的卤煮火烧里还能寻觅到它的身影。其实选猪肺为食材，中医有 "取类比象"之说。

在市场上选取新鲜的猪肺两片，放入水中清洗，清洗的时候可以加入淀粉，这样就能将猪肺中的血水彻底地去除，这里一定要注意，要将猪肺洗干净，不然待会儿炖煮的时候会出现血水的泡沫，影响口感。洗净猪肺后，切成片状，放入盆中。然后将新鲜的百合放入水中浸泡漂洗半小时，取出和猪肺混合在一起，放入蒸锅中小火炖煮1～2小时，出锅放入少许的盐即可食用。

❷ 推荐食谱：冰糖雪梨贝母汤

适合孩子：2岁以上。

冰糖雪梨贝母汤的制作方法：选取鸭梨一个，这里选取的梨子也有一定的讲究，现在市场上出现了很多杂交的品种，例如苹果梨、香蕉梨等。其实选取最普通的梨子养肺的效果最佳，广大的家长朋友们要注意，尽量选用黄皮个大的鸭梨。

首先将鸭梨去皮，切成块状，放入碗中，加适量的清水没过梨子。然后将十余粒川贝母加入清水中，这里选取川贝母为好，川贝润燥效果好，而浙贝化痰效果好。再放入适量的冰糖，开大火炖煮半个小时左右，当块状鸭梨呈酥软状，即可取出。

此时的汤汁变成了黄褐色，将汤汁中的梨子残渣去除，留取汤汁和川贝母，放凉后就可以让孩子饮用了。因为冰糖雪梨贝母汤的口味甘甜，会受到孩子的喜爱，在秋季可以用冰糖雪梨贝母汤代替开水饮用，可以起到良好的养肺效果，但是糖尿病的儿童谨慎食用。

❸ 推荐食谱：杏仁豆腐

适合孩子：2岁以上。

杏仁豆腐的制作方法：杏仁豆腐是传统的甜点，在食疗的菜谱中占有一席之地，特别是其养肺的作用，再加上其独特的口感，深受孩子的喜爱。甜杏仁就偏于润肺，还具有润肠功效。所以秋季容易干咳便干的孩子很适合。

在制作杏仁豆腐的时候，一定要选取甜杏仁，苦杏仁中具有苦杏仁甙，具有一定的毒性。将杏仁在水中充分地浸泡加热，然后将杏仁两层外皮用手剥掉，拿刀拍碎，放入清水中浸泡约半小时，取出用勺子充分地捣碎成泥状，然后加入适量凉开水充分搅拌（就和调麻酱一样），之后用布将汁滤出。

在杏仁汁中放入适量的冰糖，放入蒸锅中，用大火蒸化十余分钟，然后搅拌均匀，装入干净的盘子里，放入冰箱里冷冻凝固。接下来就是耐心地等待，1小时左右杏仁豆腐就会凝固，撒上适量的桂花冰糖点缀，用勺子分成小块，就可以给孩子喂食了。

5.

给孩子多做鼻部按摩，可以预防鼻炎

在前面的章节已经提到经络遍布人体的全身上下，只要广大的家长朋友们稍微学过一些养生保健的知识，基本上都知道给孩子拿捏一下。

在日常的生活中，即便家长并不懂任何的医学相关知识，也会不经意地做一些按摩来缓解孩子身体的不适。孩子平时有个头疼脑热，家长会用大拇指来回摩擦孩子前额，用手指挤按孩子的太阳穴。其实鼻炎也一样，家长朋友们可以教给孩子一些按摩的小技巧、小方法，这样孩子就可以在平时自己给自己保健，起到事半功倍的效果。

这时候有些家长朋友就要问了，为什么给孩子的鼻部按摩能够预防鼻炎？有两点原因，第一个原因就是人体有很多的反射区，例如足部、耳朵等，鼻子就是其中的一个反射区，不同的区域对应着人体的五脏六腑，和人体的内在有着千丝万缕的联系。所以按摩鼻部可以调节人体的五脏六腑，调动人体正气，提高整体的抵抗力，对鼻炎有一定的预防作用。第一个原因就是鼻炎的病位在鼻部，所以局部的按摩可以促进鼻部的气血循环，气血通畅，局部的新陈代谢加快，促进局部的炎症吸收，能起到预防鼻炎的作用。

医院经常组织专家下社区，给社区的孩子们义诊，并且进行讲课，普及健康知识。我记得有一次去给社区居民做讲座的时候，就是讲的用按摩鼻子的方法预防治疗小儿鼻炎的内容。下面坐着一群人，全是家长朋友，有的还带着孩子，静静地坐在下面听讲座。

在讲座的过程中就有一位老大妈打断我："医生，你说的这些都挺专业的，我们听得也是云里雾里，其实治病主要看疗效。我家的小孙女就有鼻炎的毛病，从小就有，长年累月地治疗，吃了许多中药、西药也不见好，总是治好了就犯，犯了就治，全家人都被折腾死了。你说的给孩子做鼻部的按摩，之前就有医生向我推荐过了，我都试过好多次了，根本就没什么疗效。"她家的小孙女乖乖地坐在边上，还时不时委屈地眨巴着眼睛。

听见她的质疑声，我不禁一笑，这是很多家长的困惑，于是说道："这位阿姨提得好啊，本来这部分内容是要放到最后讲的，既然阿姨提出来了，我们就来探讨一下。在临床上经常会碰见这位阿姨说到的这种情况，有些医生给孩子做鼻部按摩就有用，有些就毫无疗效。是按摩的位置不正确，还是按摩鼻部本来就疗效不好，其实都不是，是有些医生并没有掌握按摩鼻部的技巧。"

然后我就请这位阿姨和她小孙女上台来给大家做示范，我们平常按摩身体其他部位的时候不是坐着就是躺着，并且上来就直接按摩，并没有什么过多的准备工作。而鼻部的按摩比较特殊，必须先进行一些准备手法，这样才有疗效。首先是鼻子这个器官的特性决定的，鼻炎出现的时候，鼻子局部充血明显，会造成鼻塞、流涕等症状。

所以在给孩子按摩鼻部之前一定要用热毛巾进行热敷，改善鼻部的血液循环，才能起到应有的疗效。我们在临床上有时候还会适当地用艾条灸一下。按摩的时候也要讲究方法，先用双手的大鱼际贴合在孩子双侧鼻唇沟处，缓慢地来回摩擦，使局部出现温热感为宜。

　　然后用大拇指对准四对鼻窦的体表位置（前面的章节讲过），轻轻地按揉，舒缓鼻窦。这些都是准备工作，按摩的时候可以让孩子闭上双眼，放松身体。

　　我一边在这位小女孩身体上示范，一边问阿姨："给小孩鼻部按摩的时候最主要的就是准备工作，您按摩的时候做了这些吗？"阿姨不好意思地摇摇头。再教给大家一个小诀窍，按摩鼻窦的时候还可以利用一些专业小工具，例如橡胶块等，因为鼻窦基本都有骨性覆盖，为了使刺激感缓和一些，最好使用钝性的软性的器具按摩才能起到良好的疗效。

睛明穴

　　我用准备好的橡胶块对着小女孩的鼻窦部垂直向下按压，一次按压60下，两边交替进行，5分钟过去了。我问小女孩："有没有热的感觉啊？"小女孩点点头，又按摩了5分钟，我先在鼻根部做按压睛明穴的动作，大约200次。

　　然后我用大拇指和食指在小女孩两侧鼻孔进行一开一合的按压，并且让孩子用呼吸运动配合我的手法，我按的时候，张大嘴吸气，我松开的时候用鼻子往外呼气，这样又连续地操作了10分钟左右。

　　我最后用拍法给女孩的脑袋放松了一下就让她起来活动一下。小女孩站起来奶声奶气地说道："鼻子通气了，感觉舒服多了。"全场这时响起了雷鸣般的掌声。这就是中医的魅力，不吃药、不打针，也能预防治疗疾病。

6.

小心，别把鼻窦炎误诊成感冒

当小儿罹患鼻窦炎时出现的症状和感冒时的症状相似，有些时候很难鉴别开来，所以有些家长朋友们会分不清楚，在这节内容里就和大家普及一下这两者的区别，希望对家长朋友有所帮助。

北京进入秋冬季节后，温度下降得很快，干冷天气来袭。很多孩子都经受不住突如其来的气温降低，导致感冒受凉或者鼻窦炎的症状。怎么区别感冒受凉和鼻窦炎呢？需要提醒广大的家长朋友们，感冒受凉时，病程的时间比较短，基本一周左右，孩子身体就能康复。如果孩子还继续出现了鼻子不通气、流脓鼻涕、头痛等症状时，家长朋友就要注意孩子可能患上了鼻窦炎。

如果是鼻窦炎的急性发作，在临床上应尽快给予孩子口服抗生素等治疗，大多数情况孩子很快都能痊愈。假如家长朋友没有引起足够的重视，将急性的鼻窦炎拖延成慢性的就比较麻烦了。

用简单点儿的话说，其实鼻窦炎就是反复感冒迁延不愈而形成的后遗症。每年到秋冬天气剧烈变化的季节，在门诊就诊的鼻窦炎小孩就会逐渐增多。大部分的孩子都是因为鼻子不通气、流脓鼻涕、头痛前来就诊的，其实这些就是鼻窦炎的三大典型症状。

在我们的头面部，有四对鼻窦，它们分别是额窦、筛窦、上颌窦、蝶窦（前面的章节详细介绍过）。这四对鼻窦直接与鼻腔相通。当孩子出现感冒时，机体的抵抗能力变弱，特别是鼻窦部，受到细菌、病毒的强烈侵袭，就会引发鼻窦炎。这时出现的鼻窦炎继发于上呼吸道感染，属于急性的鼻窦炎，如果没有通过及时、系统地治疗，急性就很容易转变成慢性的了。所以可以说鼻窦炎是感冒的后遗症。

在临床上经常会碰见一些粗心大意的家长，对于孩子生病总是不上心，孩子体质好一些的还无所谓，有些孩子本身体质就娇弱，一生病就会出现各种症状，经常会导致疾病加重。

曾经我就遇见这样的家长，那是个农村家庭的小女孩，家长带孩子来的时候，孩子流鼻涕、打喷嚏、鼻塞明显。我就询问家长，只见孩子的父亲漫不经心地说："都半年了，就这样耷拉着黄脓鼻涕，一个女孩子家家的真难看。"

我又问："带孩子来医院瞧过病没有？"孩子的父亲还是很不耐烦地说："不就感冒吗？有啥可看的，在家吃点药不就好了。"我当时就诧异了，还以为这孩子不是他亲生的呢。孩子的母亲在旁边不干了，对孩子父亲漫不经心的态度很是不满，于是两人就争吵了起来。

在旁边听了老半天，终于明白了怎么回事，原来孩子的父亲家里重男轻女的封建思想严重，对女孩子不是很重视，所以小女孩在家出现这些症状，也就不当一回事了。

我用责备的口吻说道："都什么年代了，还这么重男轻女，本来你们早点带孩子来看病，很快就能痊愈。因为鼻窦炎急性发作的时候，规律地使用足够量的头孢类抗生素，很容易就能把炎症控制住，治疗起来就没有那么费劲。但是，你们对孩子初期的鼻塞、流鼻涕症状又不太重视，没有及时来医院就诊，光在家根据自己的想象，给孩子用药，用药一点儿都不规律。因为从来都没有给孩子进行过规范治疗，还拖了半年之久，结果现在就转化为慢性鼻窦炎啦。"

孩子的母亲在旁边听着，一边点头，一边叹气，孩子的父亲在旁边还是无动于衷，面无表情，我心里想这样的家长真的是不多见。我除了给孩子开了一些药物之外，继续向孩子的母亲交代："保护鼻黏膜对于治疗慢性鼻窦炎至关重要，所以在孩子平常的生活中，要特别地注意保护鼻黏膜组织。"

孩子平时肯定老是喜欢用小手去挖鼻孔，很容易就造成鼻黏膜进一步的损伤，鼻黏膜受损，出现伤口，环境中的细菌和病毒就会入侵。另外，鼻子里有很多纤毛，这些细小的绒毛，就像扫把一样把鼻腔的病菌和杂质及时清除掉，可预防和减少鼻腔炎症的发生。而经常抠鼻孔，也会把这些纤毛给破坏掉。所以，即便孩子的鼻孔里有鼻屎，也不应让孩子用小手去抠，而应该用棉签等来清除，平时可以多用生理盐水冲洗鼻腔。

交代完毕，我又给孩子开了瓶生理性盐水的鼻腔护理器，交代她按时给孩子喷一喷，孩子父母取完药后带着孩子回去了。这就是典型的因为没有及时的治疗导致鼻窦炎转化为慢性的例子，广大的家长朋友需要引以为戒。

睡觉打鼾，可能是腺样体肥大

　　腺样体肥大是孩子特有的疾病，百分之九十以上的孩子打鼾是因为腺样体肥大。有些家长朋友就会说，成年人也打鼾啊，怎么腺样体肥大就是孩子特有的疾病。这是因为腺样体是一种淋巴组织，从孩子刚出生就开始发育，一般到六七岁，这个阶段属于淋巴器官增生期，所以如果有炎症刺激，其扁桃体、腺样体极容易增生肿大。六七岁之后开始逐渐萎缩，到孩子10岁左右退化完全，所以10岁以上的孩子一般不会出现腺样体肥大的症状，成人就更不可能出现了。

　　腺样体是耳、鼻、咽三者交界的地方，各种上呼吸道的疾病，例如上呼吸道感染、感冒、咳嗽等疾病都可以造成腺样体的肥大，这样就会引起呼吸通道的狭窄、堵塞咽鼓管等，造成呼吸不通畅，孩子在睡觉的时候就会呼噜声如雷。

　　有些家长朋友对于孩子打鼾不以为然，认为孩子打鼾好啊，睡得多香啊，还会认为打的越响睡得越沉。其实孩子睡觉的时候打鼾，从表面上来看是睡得很沉，但是家长朋友们有没有发现一个现象，孩子总喜欢在睡觉的时候来回地翻滚，有些家长朋友会认为是孩子睡觉不老实喜欢乱动，殊不知是孩子在睡觉无意识的状态下，机体做出的一种自我调配，希望通过调换睡眠的姿势，找到一种呼吸顺畅的体位。

别说普通的老百姓不懂医学知识，就连一些专业的医生，不是自己了解的领域，也是云里雾里的。有些医院的医生，也会忽略孩子打鼾的问题。下面给大家讲述一个就诊的故事。

前段时间本院的骨科医生来找我，向我咨询，说他们家的孩子晚上睡觉老是打鼾，并且在学校里闹了笑话。我仔细地询问，原来今天早上学校的班主任给他打了一个电话，询问他们家孩子晚上的情况。

今天上英语课的时候，别的孩子都听得很认真，没想到他家的孩子坐在后排，因为离老师比较远，老师也没太注意，没想到孩子居然趴在桌子上睡着了，更没想到的是孩子居然在上课的时候打鼾，"呼呼"的声音引得全班同学大笑不已。老师立马把孩子叫醒，孩子一脸无辜，羞愧地低下了头。

老师就问孩子是不是晚上在家玩电脑、看电视，睡觉特别晚啊？我的同事也是一脸的糊涂，说："孩子晚上睡得挺早的啊，九点不到就躺下了啊，也没发现什么其他异常的情况。"班主任老师的责怪都把同事给弄糊涂了。

于是他就来儿科找我问问原因。因为我在临床上碰见这样的患者多了，听他一说，心里大概明白是怎么回事了，就问他："孩子晚上睡觉是不是老打鼾啊？"同事连忙点头，我继续说："有可能是腺样体肥大，带孩子去耳鼻喉科看看吧。"

同事也不敢怠慢，下午就带着孩子去耳鼻喉科检查了。后来拿着结果找我，说确实是腺样体肥大，已经堵了2/3了。家长恍然大悟地说："怪不得孩子晚上呼声如雷，晚上睡得满床滚，白天还困成那样。"我就开玩笑似的责怪他：

"亏你还是个专业的医生,孩子晚上打鼾,都没发现有问题,也不知道给孩子看看。"家长不好意思地说,孩子自己睡,他们晚上去看孩子,见他躺下很快就睡着了,也未过分留意。

我给孩子开了一些药物保守治疗,先控制住孩子打鼾的症状。

腺样体肥大的治疗,一般只有当孩子的症状严重时,影响到平常的生活、学习,才需要进行专门的治疗,如果症状较轻不影响生活,随着孩子年龄的增大,症状会慢慢地消失。开始可以先用保守治疗的方法试一试,如果症状改善得不明显,夜间出现明显的呼吸暂停,血氧不好,就得进行微创手术了,摘除腺样体,一般将扁桃体保留。

给同事科普完,他就领着孩子往外走,边走边说:"还行,发现得不太晚,有你崔阿姨出手,咱们不用动手术。"我听完在他们身后追了一句:"别拿我打趣了,对孩子上点儿心啊!"

8.

肥大的腺样体要不要摘除

上一节内容讲了孩子打鼾大部分都是由于腺样体肥大造成的，现在腺样体肥大的治疗方法一般都是微创手术，有些家长朋友就不愿意了，因为孩子小小年纪就得挨上一刀，心里总是觉得不痛快。到底腺样体肥大需不需要手术治疗呢？还有没有其他的方法能够治疗腺样体肥大呢？这节内容就和广大的家长朋友探讨一下这些问题。

前面已经详细地介绍过腺样体的特点，在孩子小时候一直进行生理性的增生肥大，到孩子6岁左右，然后逐渐地减退，到10岁左右就完全萎缩了。腺样体其实在医学上有个专有名称——咽扁桃体，就是在咽喉部的扁桃体，而我们平常说的扁桃体，大部分都是指位于腭部的扁桃体，但是它们都属于口咽部的门户。

在一般情况下，腺样体的生理性肥大是孩子生长发育时的正常现象，不会导致什么症状反应，只有当孩子反复出现感冒、鼻炎等上呼吸道感染的疾病时，腺样体受到不断的刺激，就会出现过度的增生，引起呼吸道的狭窄，影响孩子正常的呼吸，在睡觉的时候就会出现打鼾的症状。

大多数的医院，一检查到孩子出现腺样体肥大，稍微有些打鼾的症状，一般先进行保守治疗，但如果症状明显，还是会建议家长给孩子进行微创手术治疗。虽然微创手术治疗对控制孩子打鼾的症状立竿见影，行之有效，但是这毕竟也是一个小手术，加上麻醉的过程，对于孩子的身体来说也是有不良反应的。

所以我在临床上当家长咨询手术问题时，都会比较慎重，大部分都会先进行一段时间的保守治疗，如果保守治疗的疗效不好，并且孩子的症状较重，我才会建议家长去耳鼻喉科手术。其实需要微创手术治疗的患儿还是比较少的，人部分及时发现，控制原发病，如鼻炎、反复感冒，通过保守治疗都能够缓解症状，只有少部分的患儿需要微创手术治疗。

有些家长朋友又会提出来，为了不让孩子做手术，那我就不管孩子打鼾，反正打鼾也不影响什么。其实长期的打鼾还是会对孩子的身体造成一些危害的，不能放任其自由发展。孩子因为鼻子呼吸不通畅，就会进行张口呼吸，出现"腺样体面容"，影响孩子的美观。并且因为长期缺氧，孩子还会出现反应迟钝、记忆力下降，整个人看起来昏昏沉沉的。所以对于孩子出现严重的腺样体肥大，严重时必须进行微创手术治疗。

我曾经就碰见过这样一位患儿，耳鼻喉科确诊为腺样体肥大，检查腺样体堵了4/5，晚上呼吸暂停明显，另外扁桃体也肥大，有三度肿大，孩子说话时都觉得鼻音很重。凭我自己的经验觉得这样的情况保守治疗效果不好，当时我建议进行手术治疗。家长听完之后，觉得孩子还小，经不起手术的折腾，就拒绝了我的提议。之后他们盲目地进行保守治疗，上网搜了一家中医门诊部，想通过中药的治疗来控制腺样体肥大的症状，孩子有时吃药，有时推拿，但是前后治疗了一个多月，孩子的症状硬是没减轻。孩子晚上呼吸暂停经常会把自己憋醒，家长恨不得一宿不合眼，孩子也出现了轻微的腺样体面容，口鼻周围明显发青，由于老睡不好，双眼无神。

孩子的病情加重了，家长出于对我的信任，又带着孩子回到我这里治疗，我再次建议他进行微创手术治疗。现在医学发展得已经很好了，腺样体手术都在内镜下做，属于微创手术，出血少，创伤也小，不用过于担心。

权衡利弊之后，家长终于同意给孩子做微创手术了，去耳鼻喉科预约了手术。我提醒家长，术后一定不要给孩子大量地进补，有些家长朋友会认为孩子这么小就接受了手术，身体一定很虚弱，所以就给孩子吃一些大补的食物，例如人参、海参、燕窝等。其实人的调节能力很强，这只是一个小手术！

孩子做完手术之后，经过两周的恢复，家长来电话说现在孩子睡觉睡得很好，一点声音都没有了，起初家长害怕得还去摸孩子的鼻息，看看是否在呼吸。老师说孩子上课时注意力也集中了，成绩都好了很多。孩子现在吃饭也香了，奇怪的是尿床的毛病也好了。孩子自己说："鼻子从来都没有这么通畅过，感觉太好了。"家长也庆幸听了我的建议。

9.

远离慢性鼻窦炎，食疗调理也有效

对于鼻窦炎，前面的章节详细介绍过，如果是急性的，一定要去医院寻求专业的治疗，因为规律地使用足量的抗生素等药物，急性鼻窦炎很容易就被控制住，孩子很快就能痊愈，但是如果家长漫不经心，任由病情发展，急性鼻窦炎就会转成慢性的，治疗起来就十分麻烦。慢性鼻窦炎不是一两天就形成的，治疗时当然也不是一两天就能痊愈的，所以就需要家长对孩子细心地护理。

食疗调理就是其中比较好的方法，因为孩子还小，总不能和老年人一样，天天吃药，所以从饮食方面给孩子进行调理就显得尤为重要，接下来给广大的家长朋友们介绍几种常见的食谱，对孩子的慢性鼻窦炎有很好的缓解作用。

❶ 推荐食谱：辛夷煮鸡蛋

适合孩子：2岁以上。

辛夷煮鸡蛋的制作方法：辛夷本身就具有辛散的功效，能够开通鼻窍，在中药里用来治疗鼻塞等疾病。先将土鸡蛋带壳放入清水中炖煮，直到熟透（最好用土鸡蛋，效果最佳，饲料鸡因为成长时间过短，大部分营养都在肉里，所以鸡蛋的营养价值就欠佳）。然后将熟鸡蛋取出，去壳，用牙签在鸡蛋表面刺几个小孔，备好。取15克辛夷，用纱布包好，放入盛有500毫升清水的锅中煎煮30分钟。然后取出辛夷包，加入之前备好的土鸡蛋，一起炖煮10分钟左右即可给孩子食用。

❷ 推荐食谱：参芪粥

适合孩子：1岁以上。

参芪粥的制作方法：太子参、炙黄芪都是补气的常用中药，可提升人体的正气，太子参重在补脾，黄芪重在补肺气增强孩子的抵抗力来缓解慢性鼻窦炎的症状。选取人参、黄芪各10克，在药店用机器研磨成末，放入高压锅中和大米一起压制，可以适当地加入糯米，增添黏腻的口感，自选保压20分钟，当粥煮好的时候即可给孩子食用。适合反复鼻炎、肺脾气虚的孩子，如果兼有阴虚的可以加干百合10克。

简单介绍了上面的食谱，其实还有一些未介绍，家长朋友们可以每天换着给孩子做，不要总是做一种，否则很容易造成孩子厌食。用食疗的方法防治孩子的慢性鼻窦炎，起到辅助治疗作用。家长不能完全靠食疗的方法解决病症，以免延误病情。即便食疗，如果家长对孩子的体质、病情不是很明确，也建议在医生指导下应用。